流域治水がひらく川と人との関係

2020年球磨川水害の経験に学ぶ

嘉田由紀子 編著

農文協

はじめに

「流域治水」への転換と7・4球磨川水害

2021年（令和3年）4月28日、「流域治水関連法」が国会で成立した。「流域治水」への転換は、国土交通省にとって明治以来の河川政策を根本から変えるものだった。ダムや堤防で河川の中に洪水を閉じ込める「河川閉じ込め型」洪水対策から、溢れることを許容し、水を集めてくる「集水域」や、人びとが暮らす場所である「氾濫域」までふくめて洪水が広がることを許容したうえで、行政だけでなく事業者や住民もふくめたあらゆる人たちがかかわる対策を提起した。これは治水政策上の英断であり、後日必ず評価されるだろう。

実は2020年7月4日の球磨川水害以降、私たちは流域治水に深い関心をもつ研究者などと、球磨川流域に毎月のように調査に出かけさせていただいた。そのなかで、人吉市を中心に活動する「7・4球磨川流域豪雨被災者・賛同者の会」や、「清流球磨川・川辺川を未来に手渡す流域郡市民の会」の鳥飼佳代子さん、木本雅己さん、市花保さんたちに出会った。それぞれご自身が被災者でありながら、皆で協力をして近隣の方がたに「7月4日の早朝、何時頃、どちらの方向から水が来たのか?」「その時、あなたはどのように逃げたのか?」「なぜこんなに多くの溺死者が出てしまったのか?」「今度どのような災害復興をしていったらいいのか?」と住民目線での地道な調査を重ねておられた。また球磨川下流部の八代市坂本町では、八代市在住で自然観察指導員のつる詳子さんたちが、トレイルランナーの若者たちと被災直後の現場を毎日のように訪問して被災者の支援活動をすすめながら現地調査を行なっていた。

今、日本の河川政策の基本方針が大きく変わりつつある。気候危機のなかにあっても、人びとの命を守り、水害被害を最小化させるための流域治水が国家的に求められる時代となった。2020年7月に球磨川流域で起きた水害被害の原因を探ることは、今後の流域治水の政策実現のための具体的なヒントを提供してくれるのではないだろうか。そのような思いから、私たちは本書の出版を企画した。

本書の成り立ちと構成

本書の元となったのは、2021年5月31日の「第2回流域治水シンポジウム」である。* このシンポジウムではまず、河川工学の専門家として熊本県立大学特別教授の島谷幸宏さんに流域治水の歴史とその意義について解説してもらった。次に地元住民当事者が、球磨川水害で被災し溺死した50名の方の被害者調査結果の報告を行ない、全体の調査方向は環境社会学者で参議院議員の嘉田由紀子が解説した。書籍にまとめるうえで、講演内容を再構成し、また河川工学・行政経験者からの専門家の意見もあわせてのせることとした。以下本書の内容について、紹介したい。

第1章では、嘉田が環境社会学研究では蓄積が多い「被害構造」理論を下敷きとし、溺死者1人ひとりの死亡要因を解明することを目的とした「溺死者調査の方法と経過」をまとめた。災害リスクのなかでも特に被災者自身が背負っている「脆弱性」に絞って被害構造を解明し、今後の被災減少政策を提案した。

第2章では、現地の被害調査を地域別に3人の方がまとめてくれた。

今回、球磨川で溺死者が発生した最下流部にあたる八代市坂本町についてはつる詳子さんが報告している。4名の高齢溺死者の生活状況が近隣からも孤立的であったことを指摘しているが、つる報告の強みは圧倒的な臨場性である。森林破壊や瀬戸石ダムによる甚大な影響を多数の写真でわかりやすく解説し、流域治水での森林保全の必要性を強く提起している。

中流部の球磨村では25名が溺死した。市花由紀子さん（「7・4球磨川流域豪雨被災者・賛同者の会」会員）は、14名の被害がでた千寿園のすぐ近くの自らの家も屋根まで水没した被災者だ。日常的に球磨川増水に備えていた旧来の住民でも今回の水害には打つ手がなく、根っこがついた巨木が球磨川本流からでなく、支流の小川から流れてきた有様から、山の荒廃に気づいた。

上流部の人吉市では20名が溺死した。1990年代から球磨川、川辺川の大切さを訴えてきた木本雅己さん（「清流球磨川・川辺川を未来に手渡す流域郡市民の会」事務局長）は自分が所有するビルや家屋が2階まで水につかる被害を受けながら、なぜ人吉市内で20名もの溺死者が出てしまったのか1人ひとりを追いかけた。見えてきたのは球磨川本流が溢れる前に山田川や万江川や町中の御溝川が新興住宅地を襲った危険性である。

そのあと紹介するのは「第2回流域治水シンポジウム」で提案採択された地元参加者からの「球磨川宣言」である。ここでは「私たちは被災してもなお川と共に生きる」という決意が10項目にわたり述べられている。

第3章では島谷幸宏さんが流域治水の河川工学的な仕組みを、福岡市の樋井川などの経験からわかりやすく展開する。島谷さんは「環境や地域に配慮した緑の流域治水」が重要という立場をとり、熊本県立大学に蒲島郁夫知事が設立した「緑の流域治水研究室」の室長・特別教授として活躍中だ。「ダムを反対するための流域治水、あるいはダムを推進するための流域治水であってはならない」と強い決意の元、持続可能な豊かな国土形成の道のりとしての流域治水についてその科学的背景を語っている。

第4章では嘉田自身が水田農村社会の環境史を研究してきた立場から、治水の伝統知「近い水」から近代化の中で行政管理が進み「遠い水」となる中でかえって水害リスクが高まる構造を解説する。そして自らかかわった滋賀県の流域治水推進条例について述べたうえで、流域治水が全国で実現するには、住民と行政それぞれに「覚悟」が必要とし、生き物との共存を目指す「楽しい覚悟」を提案する。

第5章は「流域治水に求められる専門家の視点」として3名の方から投稿をいただいた。

大熊孝新潟大学名誉教授は、急峻な地形のなかで洪水が多い日本社会には、かねてから洪水を水害にしない民衆の知恵が産まれ息づいてきたと解説。2020年7月の球磨川水害は「本家の水害」であり、気候危機に対応するには「基本高水治水」では限界があり、個別の地域の住民意思を反映できる「流域治水」を本来の意味で実現する必要があることを強く訴える。

宮本博司さんは元国土交通省職員で、2001年（平成13年）に始まった淀川水系流域委員会の設置責任者でもある。この委員会は400回近い現場調査と議論を積み重ねた流域治水の育ての場であった。治水は「人命最優先」であり、古来中国からの治水原理である「洪水エネルギーの分散」を実現する必要がある。そのためには流域治水こそが最優先されるべきだが、それには地域自治、地域主権改革こそが必要だと自らの経験に基づいて提言している。

　今本博健京都大学名誉教授は河川工学の専門家として、治水には対象洪水を設定し対策する「定量治水」と、対象洪水を設定せず実現できる対策を積み上げる「非定量治水」があり、流域治水は非定量治水であると解説。２０２０年７月４日球磨川洪水の水位と水量データを水理学者として精査したうえで球磨川水系河川整備計画についての提言を行なっている。

　ここ10年ほど、日本列島では毎年のように記録的な大雨による豪雨災害をうけている。本書で取り上げた２０２０年の球磨川水害以外にも、２０１５年には鬼怒川での破堤、２０１７年には九州北部豪雨、２０１８年には岡山県小田川での水害、２０１９年には台風19号による広域水害、そして本年２０２１年には静岡県熱海市で土石流災害が発生した。

　あなたが住民だったら、今何をするべきか。わが身をまもる、わが家族をまもる、そしてわが組織をまもるためにも、この本が少しでもお役にたてたらと編者として願っている。

編者　嘉田由紀子

＊――「第２回流域治水シンポジウム」の実行委員会は篠原孝（衆議院）を委員長として、副委員長として阿部知子（衆）さんら5名、委員として泉健太（衆）さんら12名が超党派で参加し、事務局は嘉田由紀子（参）が担当した。運営には「公共事業チェック議員の会」「農文協プロダクション」「拓殖大学政経学部教授・関良基ゼミ」に協力いただいた。また「第１回流域治水シンポジウム――流域治水の最前線」は、２０２０年７月22日に開催した。動画を公開しているので関心のある方はご覧いただきたい。https://www.youtube.com/watch?v=QVt-YZM-SwQ&t=6702s

流域治水がひらく川と人との関係

目次

球磨川流域と2020年7月4日球磨川水害

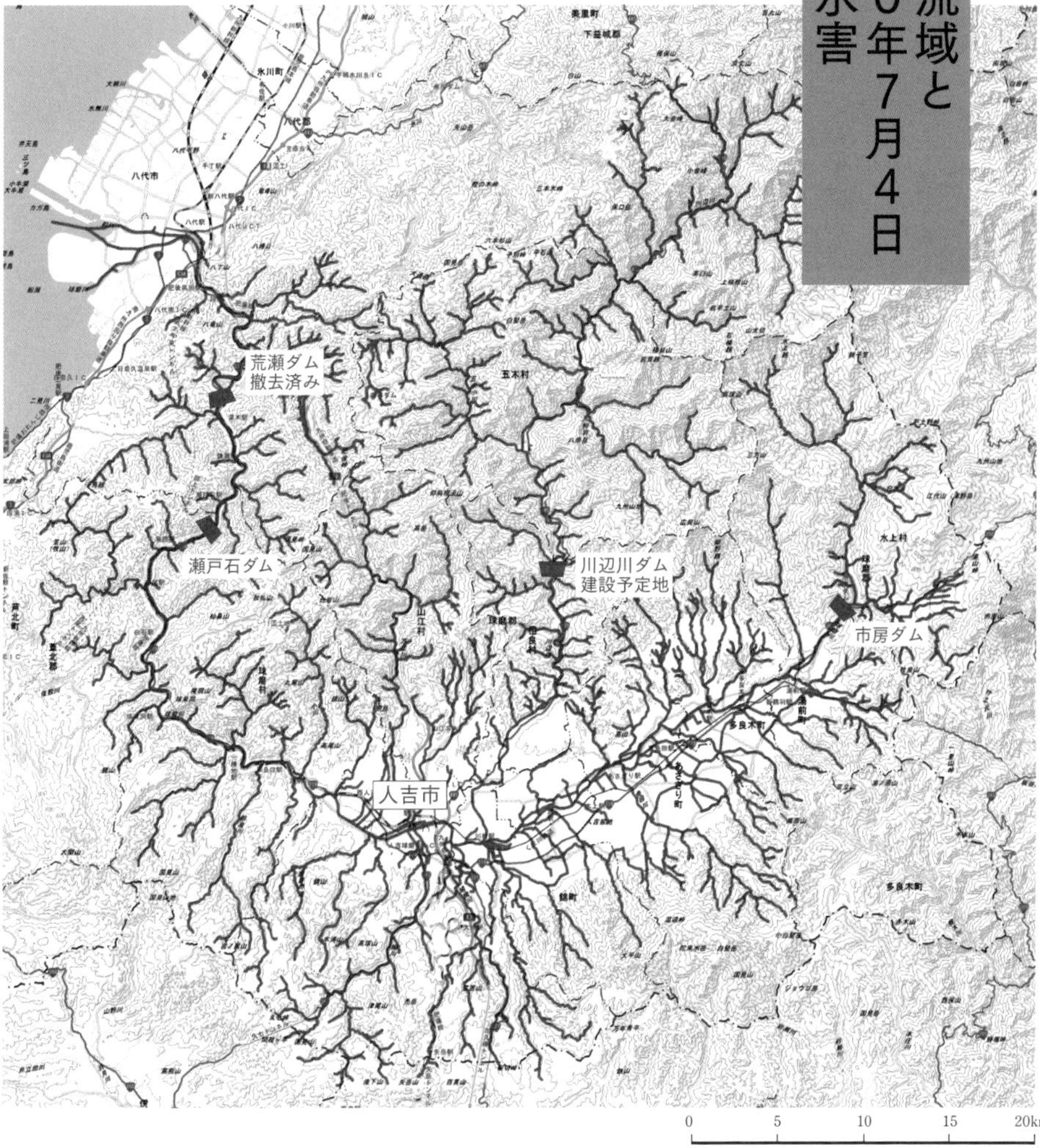

❶ 球磨川水系の水脈図（合成加筆：加藤功「NPO新潟水辺の会」）

出所：国土地理院ウェブサイトから合成した水脈図にダム位置を加筆

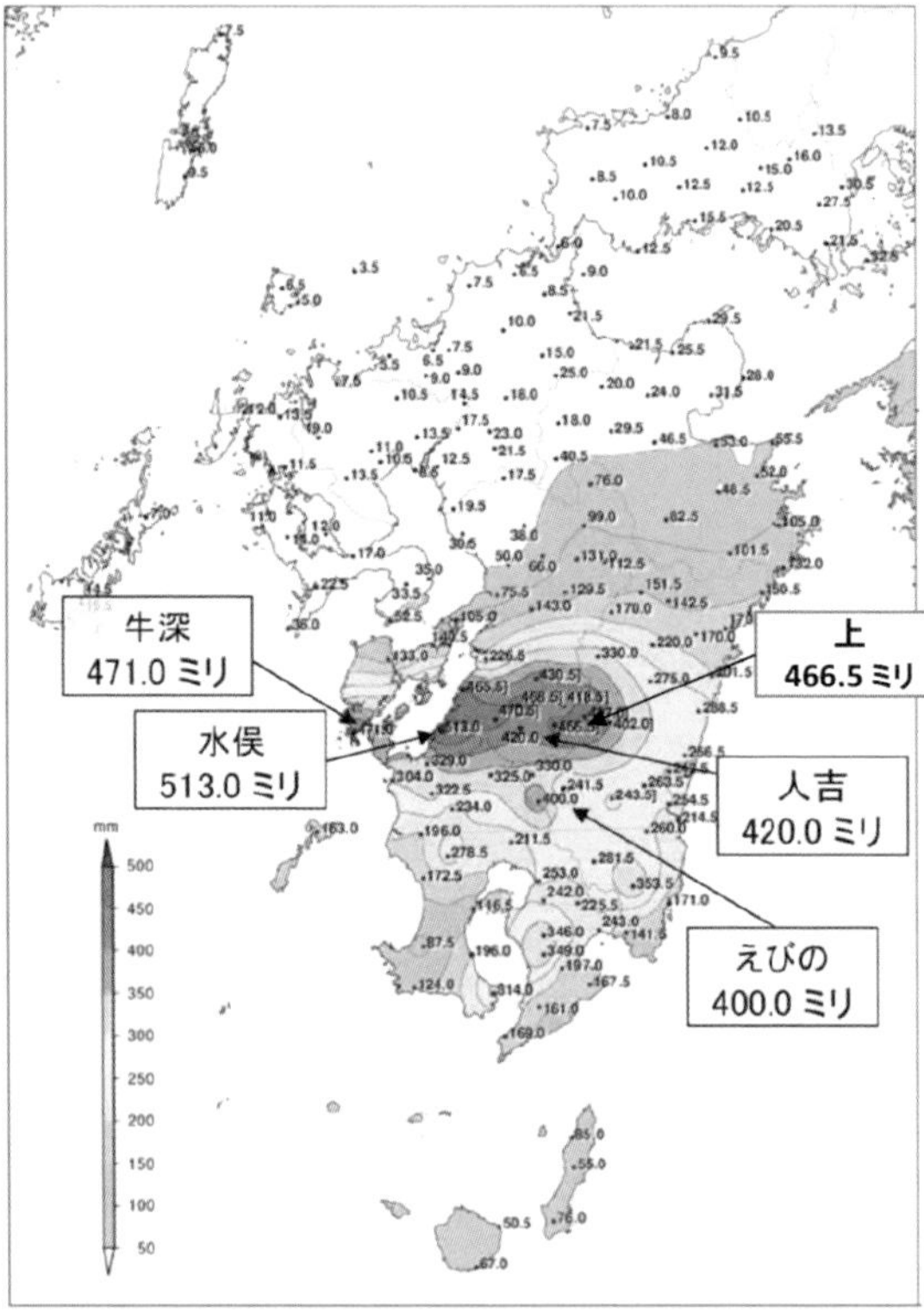

（福岡管区気象台ＨＰ　「災害時気象資料　ー令和２年７月３日から４日にかけての熊本県・鹿児島県の大雨についてー」の資料より抜粋及び一部加筆）

雨量観測所	7月平均値	7/3 0時～7/4 24時	
	雨量（mm）	雨量（mm）	平年比
人吉（気）	471.4	420.0	0.89
上（気）	485.0	466.5	0.96
えびの（気）	798.0	400.0	0.50
水俣（気）	403.6	513.0	1.27
牛深（気）	309.7	471.0	1.52

（気象庁ＨＰ 各種データ・資料を参考に作成）

※本資料の数値は「速報値」であり、今後変更の可能性がある。

天気図（7月4日 6時頃 気象庁ＨＰより）

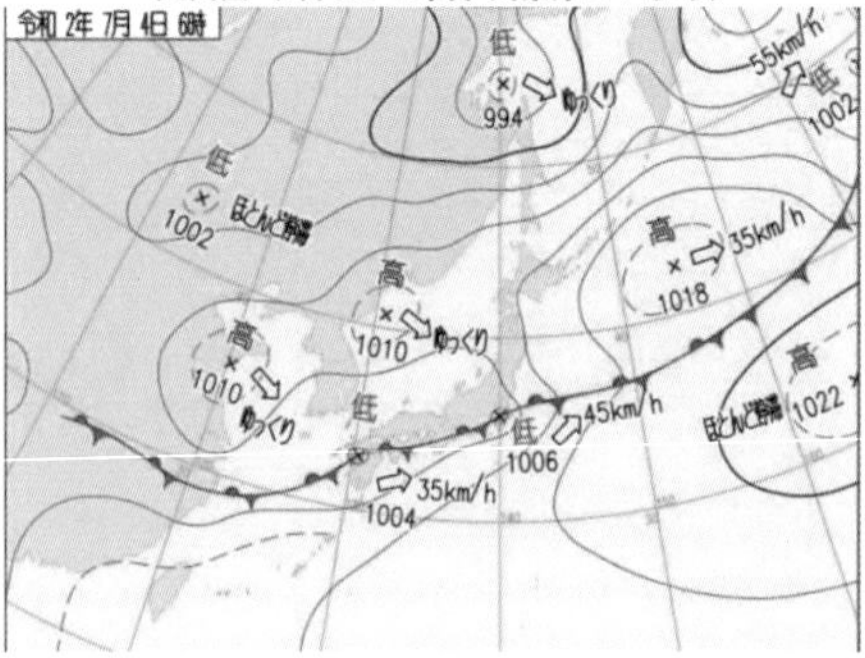

❷ 令和２年７月豪雨の概要［気象概要］

出所：国土交通省九州地方整備局・熊本県「第１回令和２年７月球磨川豪雨検証委員会説明資料」より

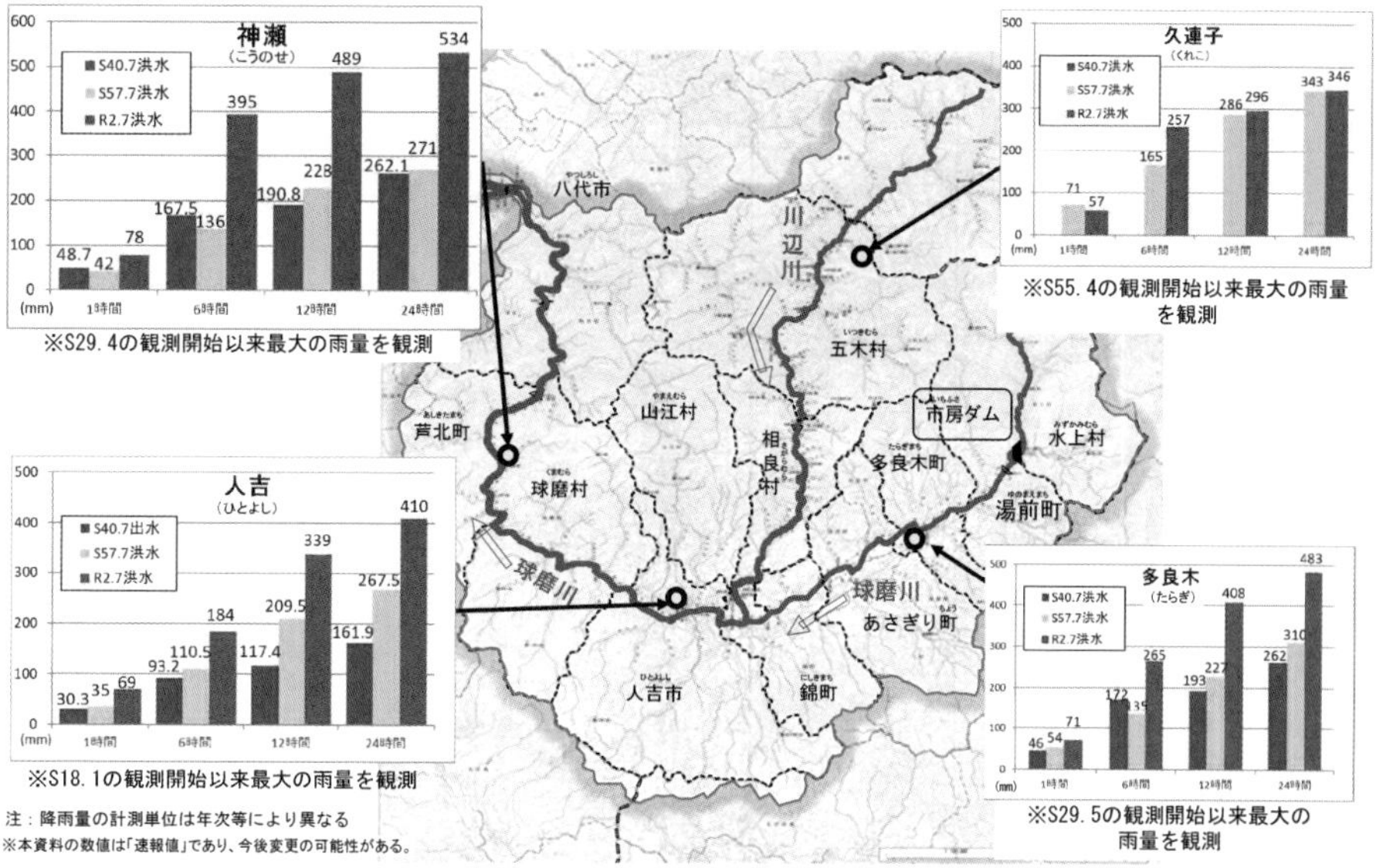

❸ 令和2年7月豪雨の概要［観測雨量］

出所：国土交通省九州地方整備局・熊本県「第1回令和2年7月球磨川豪雨検証委員会説明資料」より

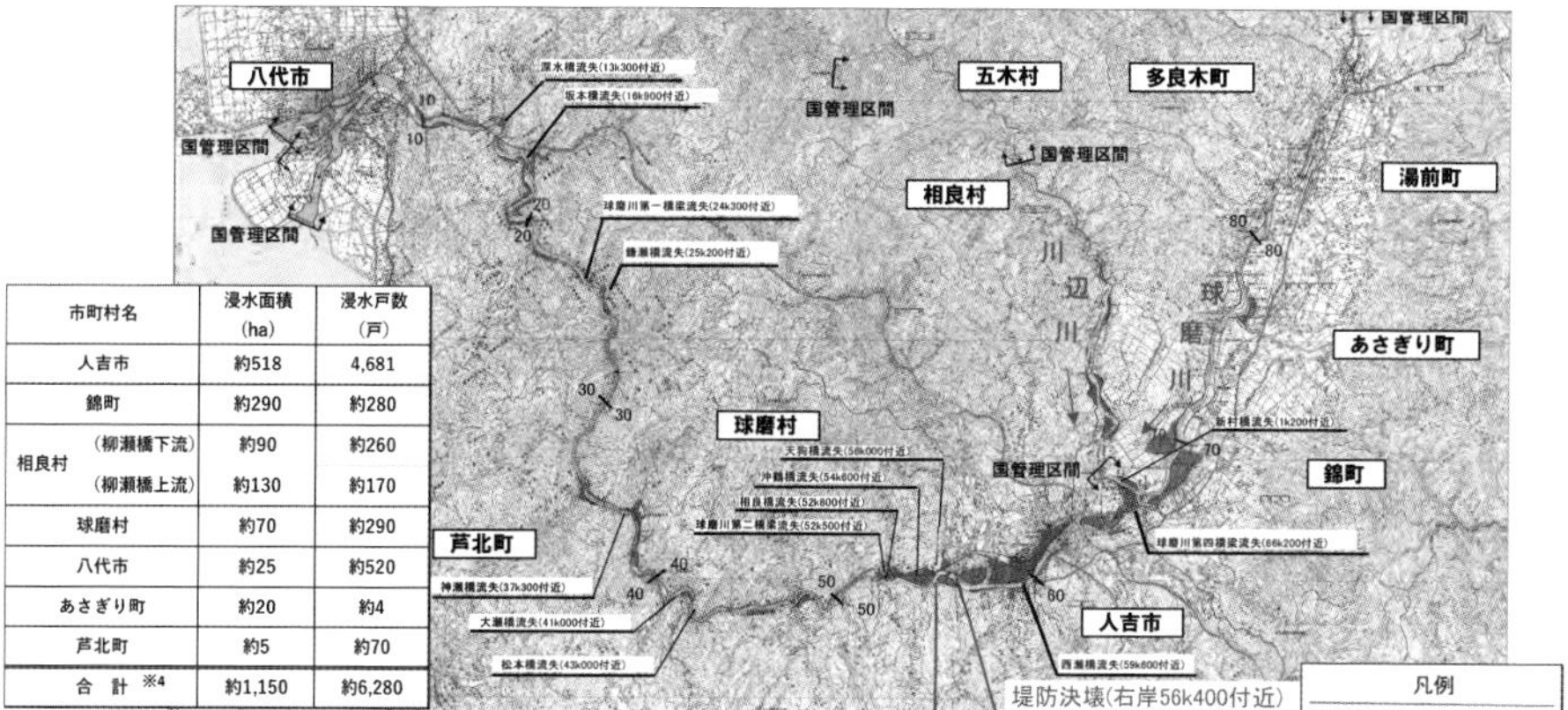

市町村名		浸水面積(ha)	浸水戸数(戸)
人吉市		約518	4,681
錦町		約290	約280
相良村	(柳瀬橋下流)	約90	約260
	(柳瀬橋上流)	約130	約170
球磨村		約70	約290
八代市		約25	約520
あさぎり町		約20	約4
芦北町		約5	約70
合 計 ※4		約1,150	約6,280

※1:人吉市以外の浸水面積、戸数は、ヘリ調査の浸水範囲に基づき算出した推定値。人吉市の浸水面積については、熊本県調査、浸水戸数については熊本県災害対策本部会議資料に基づき記載。
※2:川辺川(柳瀬橋上流)については、熊本県調査。
※3:橋梁流失の坂本橋と側道橋は1橋として計上。被災橋梁数には支川の橋梁も含む。
※4:浸水面積、戸数については、切り上げ等により合計と合わない。

※本資料の数値は「速報値」であり、今後変更の可能性がある。

❹ 令和2年7月豪雨の概要［被害状況等］

出所：国土交通省九州地方整備局・熊本県「第1回令和2年7月球磨川豪雨検証委員会説明資料」より

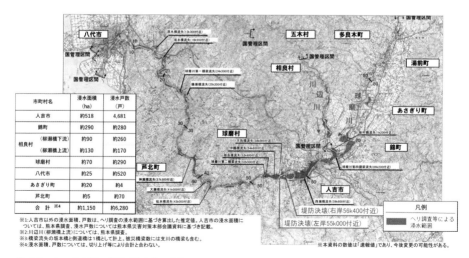

球磨川下流部・八代市坂本町では

撮影はいずれもつる詳子

❺ 瀬戸石ダムの下流（左）と上流（右）では被害の出方が大きく異なった。下流では線路や家屋は原型をとどめないほどになったが、上流では水位が上がった痕跡はあるものの家屋の流出や家屋外部の破壊も少なかった

❻ 山林でのシカの食害は深刻。同一箇所を比較（昔：左上、今：右上）すると食害のひどさがよくわかる。5年ほど前からシカの食害がひどくなりはじめ、雨が降るたびに崩れ、7月4日に一気に崩れた（左）

❼ 球磨川支流・市ノ俣川流域に広がる皆伐地と山腹崩壊

球磨川中流部・球磨村では

撮影はいずれも市花保「清流球磨川・川辺川を未来に手渡す流域郡市民の会」

❽ 一勝地大坂間地区では橋と家屋が流出し５名が犠牲に

❾ 神瀬堤岩戸地区では３名が犠牲になったが、球磨川よりも先に支流・岩戸川の増水に襲われた

❿ 渡茶屋・島田地区では７月４日午前５時過ぎに球磨川支流の小川が破堤し、そこから流れ込んだ水が一気に広がった。破堤箇所は以前から住民たちが心配していたところ。渡地区では千寿園の14名とあわせて16名が亡くなった

⓫ 写真左／人吉市街地から球磨川に流れ込む山田川は6時半前に溢れようとしていた
写真提供：「清流球磨川・川辺川を未来に手渡す流域郡市民の会」

球磨川上流部・人吉市では

⓬ 写真右／人吉市街地では7月4日午前6時半頃から支流の水が溢れ道路を覆い川のようになった。溢れた水は球磨川（写真左奥）を目指して流れている
撮影：魚住芳正

⓭ 洪水はヘドロと流木を伴って市街地に流れ込んだ
撮影：黒田弘行「清流球磨川・川辺川を未来に手渡す流域郡市民の会」

球磨川は大地を形成し
生態系を育む流域社会の宝であり、
流域住民の暮らしはその恩恵の中にある。
宝のまま将来世代に手渡すことが、
いまを生きる私たちの責務である。
……私たちはここで被災したが、
これからも球磨川と共に生き続ける。

——「球磨川宣言」より抜粋

⓮ 子どもたちは球磨川と共に生き、球磨川に育てられる

⓯ 流域で盛んなラフティングは清流球磨川があってこそ
撮影はいずれも木本千景「清流球磨川・川辺川を未来に手渡す流域郡市民の会」

第1章

2020年7月4日球磨川水害
現地溺死者調査の方法と経過

嘉田由紀子

―1― 2020年球磨川水害の経過と被害の特徴

球磨川は、肋骨条に支流が各所から流れ込み、森林地域、盆地地域、渓谷地域の三領域からなる河川であり、この自然条件が洪水の出方を規定し、社会現象としての水害のあり方に大きく影響する。特に下流渓谷部では、山間部から谷筋を下ってきた多数の支流により、本流の水位が急激に上昇し、溺死者を出したことはのちほど詳しく述べるが、水害被害の実態は、このような地形条件にも大きく左右されることをまず指摘しておきたい。

歴史的にみると、江戸時代の初期、相良藩により八代海から人吉城下町までの舟運航路が開削され、交通・物流に活用された。1909年(明治42年)には八代から人吉盆地まで肥薩線が国鉄によって開通され、陸の孤島といわれた人吉盆地の社会経済条件が大きく改善された。

球磨川には「尺アユ」といわれる大型アユも生息し、上流部の川辺川は「日本最後の清流」として知られている。近年は観光用の川下りやラフティングなども盛んであり、川と人びととのつながりは深い。球磨川は人びとの暮らしや産業に「近い川」といえる。

球磨川流域の市町村をみると、本流の最上流部は市房ダムがある水上村で、その下の水田地帯の盆地には湯前町、多良木町、あさぎり町、錦町、そして人吉市が並んでいる。人吉市から球磨村のところで、盆地末端が渓流狭窄部にはいり、水害常襲地となる。流域の主なダムをみると、本流の最上流部には、1960年(昭和35年)完成の多目的ダムの県営の市房ダムがある。また、人吉市市街地の上流で川辺川が球磨川に合流する。川辺川には、1966年(昭和41年)以降、相良村に国による川辺川ダム建設が計画されてきたが、利水撤退と地元の反対により計画は凍結、２０２１年（令和3年）の時点でダムはできていない。渓流部の八代市側には九州電力の荒瀬ダムがあったが、２０１２年から２０１８年にかけて、大型ダムとしては日本ではじめて撤去された。また、荒瀬ダムの上流に電源開発の瀬戸石ダムがあり、今回の洪水でダム上流部では河川の水位上昇、下流部では激流による被害を増大させたのではないか、という意見も根強い（第2章つる報告）。なお球磨川支川には水力発電用など20個ほどのダムがある。

２０２０年（令和2年）７月３日真夜中から４日午前中にかけて、梅雨末期の線状降水帯が球磨川流域にかかり、西側から東側に移動し、下流部の八代市坂本町や球磨村の山間部から、人吉市の山間部まで、戦後最大の降水量を経験した。特に下流部の球磨村神瀬《こうのせ》では12時間で５００㎜近くの降雨となった。中流部では人吉市でも12時間で３４０㎜近くの雨量となったが、川辺川上流部の五木地区では２４０㎜と下流部とくらべて比較的降雨量は少なかった。地形的にみると急峻な球磨川下流部での降雨量の多さが、後から説明する溺死被害につながっている、といえるだろう。

今回の豪雨による浸水被害等をまとめてみると、人吉市では浸水面積は５１８haで、浸水戸数は４６８１戸となった。下流の八代市までいれると、浸水面積は１１５０haで、浸水戸数は約６２８０戸となった。人的被害では、熊本県全体では65名が亡くなり、２名が行方不明である（２０２１年7月4日段階）。そのうち球磨川流域での水死と推測される死者は50名で、内訳は、人吉市20名、球磨村25名、八代市坂本町４名（＋1名が行方不明、水死と思われる）、芦北町（箙瀬《えびらせ》）１名である。それ以外は、土砂崩れによる圧死や球磨川水系以外の河川による犠牲である。人的被害者について、球磨川流域50名の年齢別分布をみると、65歳以上が43名で86％を占めている。65歳未満の方も7名おり、それぞれの死者の状況については、のちほど詳しく記していきたい。

一つの流域で、これだけ多くの人が溺死した事例は2018年（平成30年）7月7日の倉敷市真備町での51名に次いでであろう。倉敷市の被災者については、「個人情報」を理由に溺死者リストは公表されなかった。しかし2020年（令和2年）の球磨川水害では熊本日日新聞が被災者の関係者の承諾を得て、新聞で個人名を公表し、また県も関連個人情報を公表している。個人の尊厳に十分に配慮しながら、50名の個人別溺死状況を調べることは、今後の命を守る流域政策に活かすことになり、犠牲者の弔いともなるであろうと判断をして、私たちは研究者仲間と、地元住民、被災者などと共同の調査活動を行なった。

50人溺死者調査の結果から「避難判断」「住宅事情」「移動力」「近隣関係」四つの要素を摘出する

—2—

水害リスクは、図1のように、外力である「自然現象（ハザード）」と、人や資産がどれだけ存在するかという「暴露」、そしてそれぞれがどれだけ被害を受けやすいかという「脆弱性」という三つの要素でとらえられる。2021年（令和3年）4月に成立した流域治水関連法では、「氾濫をできるだけ防ぐための対策」が「自然現象（ハザード）」、「被害対象を減少させるための対策」が「暴露」、「被害の軽減、早期復旧、復興のための対策」が「脆弱性」にそれぞれ対応するかたちとなっている。

今後の流域治水を確実に推進し、水害被害者を1人でも少なくするには、ハザード要因としての河川流量・水位を低減する努力に加えて、今回50名もの人が溺死をしてしまった球磨川水害のような個別のケースについて、暴露される側がいかに脆弱な状態であったのかを構造的に解明する必要がある。具体的には、

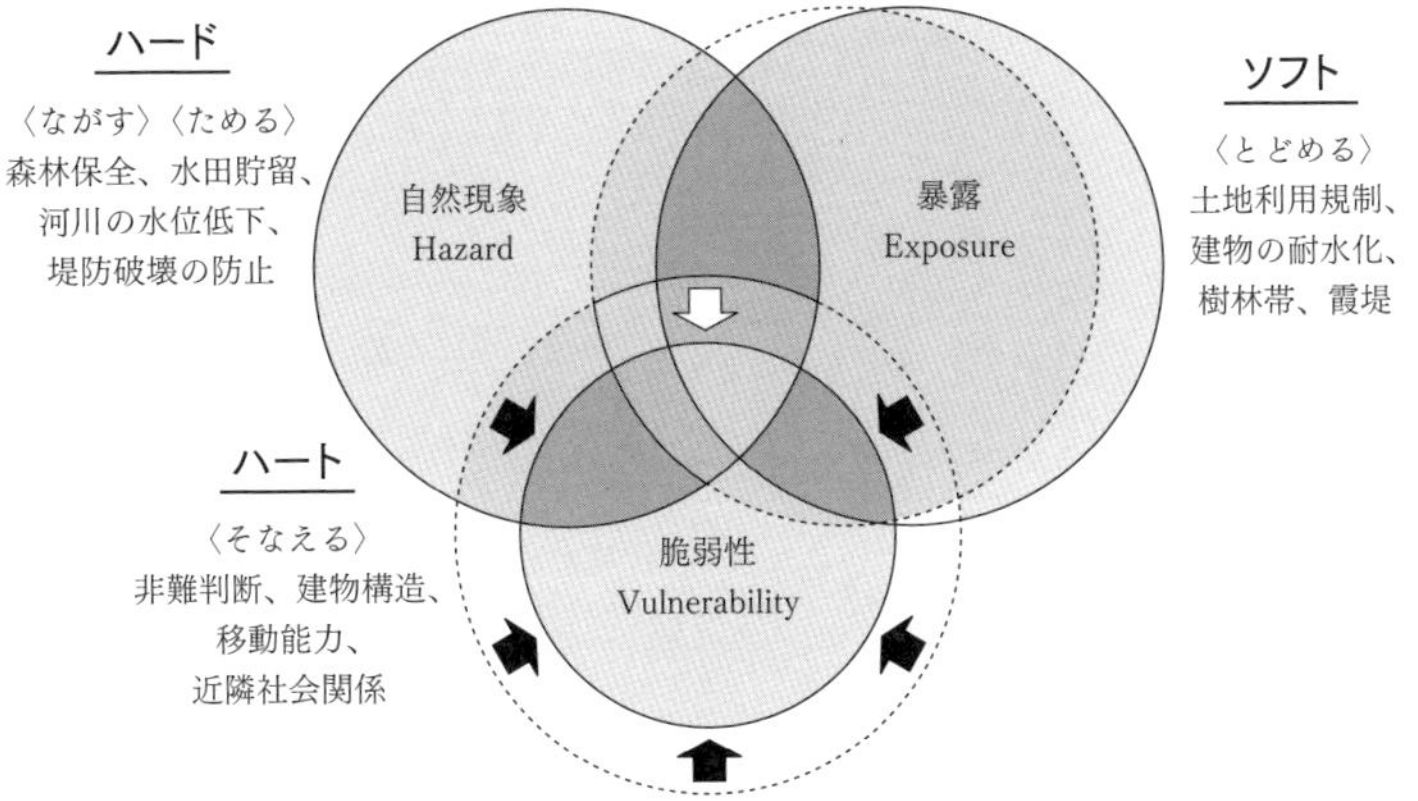

図1　災害リスクを低減するアプローチ、環境省元図に滋賀県の4つの政策を付記
出所：環境省自然環境局：生態系を活かした防災減災に関する考え方（2015）

溺死場所、当事者の認知能力、移動能力、建物の耐水性や、家族背景、地域コミュニティや避難体制のあり方などを詳しく調べ、その被害構造を明らかにすることで、今後の被害最小化や、再生力（レジリエンス）の強化をはかるための水害対策に活かすことが可能となる。

そこで、個人情報を基に地域別溺死者を追跡し、脆弱性の構造ともいえる「被害構造」の究明にあたった。町別の名簿から、ゼンリン住宅地図で被災者の住宅をさがし、2020年（令和2年）7月末から2020年12月末まで、第1次の現地踏査を行なった。また2021年1月以降は特に地元の被災者の会が中心となり追加の聞き取り調査を行ない、聞き取り調査者は約50名、撮影写真は1000点を超える。調査者は、嘉田由紀子に加えて滋賀県立大学流域政策・計画学研究室の瀧健太郎准教授と学生、また熊本大学の牧野厚史教授らである。またそれぞれの地域では地元の被災者の皆さんに現地調査に加わっていただいた。人吉市と球磨村については「清流球磨川・川辺川を未来に手渡す流域郡市民の会」「7・4球磨川流域豪雨被災者・賛同者の会」などが200名を超える証言者から聞き取りをして、2000枚を超える写真や動画を収集した。次につながる各章では、球磨村下流部ではつる詳子さんが、中流部は市花由紀子さんが、人吉市では木本雅己さんが報告しており、それぞれの個別報告を参考にしていただきたい。ただし、本章3節以降については瀧健太郎准教授らとは見解が異なる部分があり、この章の記述の全責任は嘉田由紀子が負っている。

さて、個人別の死亡時の状況であるが、遺体発見場所や住宅の状況（平屋か2階屋か、嵩上げしてあったか）、本人の認知・健康状況（認知症状況、どこまで四肢がうごけたか）、家族状況（1人暮らし、家族人数、車移動性）、近隣関係（避難をめぐる声かけ）などを調べてまとめた。私たちが特に聞き取り時に精力を注いだのは、溺死が発生した時間とその時の水がどこから来たのか、ということだ。

上空からの人吉市内の水没状況が繰り返し、繰り返し映像で見せられると、人びとの溺死は球磨川本流の影響と思うのではないだろうか。私たちも最初はそのような思いで1人ずつの住宅と周辺の訪問をして聞き取り調査をすすめた。その結果わかったことは、球磨川下流部では、谷川の斜面崩壊などで支流支川から水が一気に流れ込んだことによる球磨川本流の急激な水位上昇と、瀬戸石ダムが躯体として大きく遮

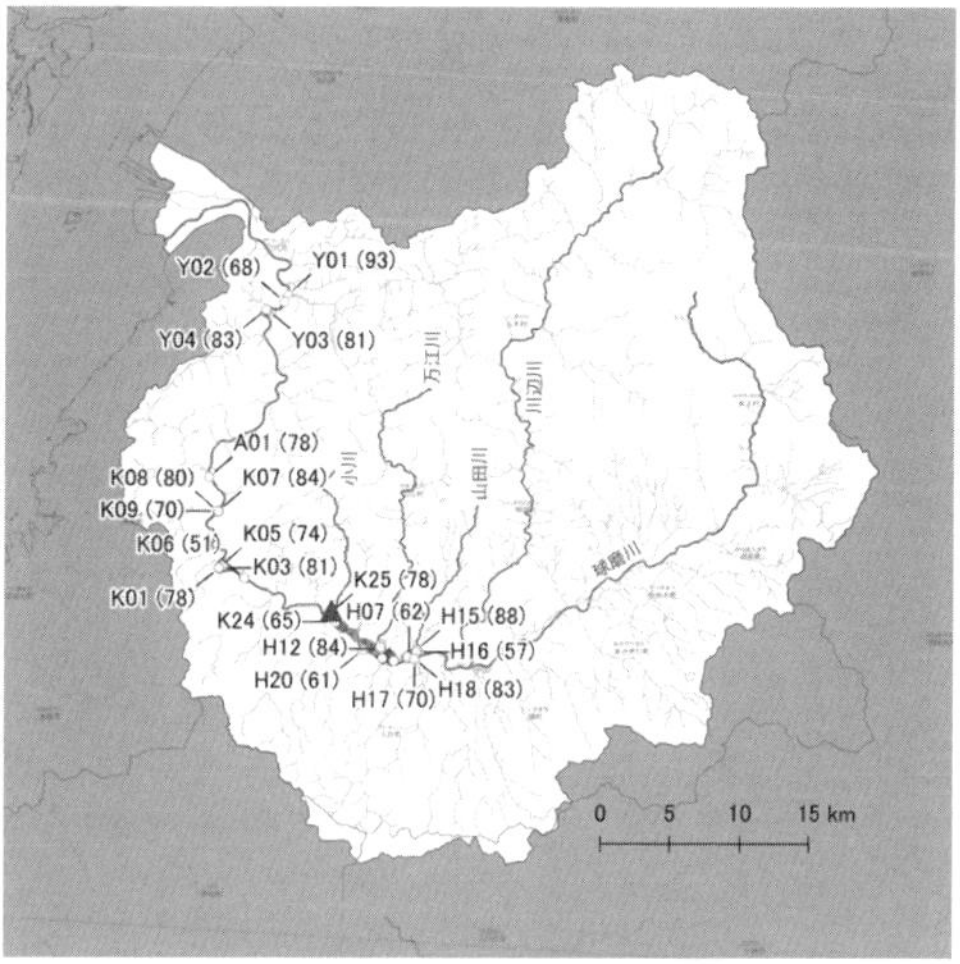

図2　球磨川水害溺死者発生場所
溺死者の表1に対応するIDと（　）内は年齢
▲は球磨村千寿園の14名を表わす。
人吉市内については代表的場所のみ表示
出所：藤原未奈ほか「球磨川周辺における令和2年7月豪雨犠牲者の被災要因に関する聴き取り調査」『環境社会学研究』27、2021（in Print）

断壁となり、ダムの上流部では水位上昇、下流部では濁流の激化という影響があったことだ。そして球磨村の渡地区から上流の人吉市内では小川、万江川、山田川など、球磨川本流にそそぐ比較的大きな支川と、街中の御溝川などの水路の影響の大きさだ。そのことについて以下詳しくみていきたい。

図2には球磨川水害溺死者の場所をまとめた。表1には50名の溺死者それぞれについて、年齢、性別に加えて、避難中の屋外での被災かどうか、住居状態、浸水状況、個人の移動困難があったかどうか、溺死発見場所、宅地が嵩上げしてあったか、などをまとめた。

人的被害が出た最も下流の地域は八代市坂本町で4名が亡くなった。八代海から17㎞地点、ここでは3名の高齢者が自宅で溺死発見され、1名は自宅の建物は残ったが、本人は八代海の海上で発見された。芦北町の箙瀬地区では、急に増水した河川水が自宅に入り込み、夫は裏の肥薩線線路まで逃げたが、妻は直前に亡くなった息子のお骨を避難させようとして手間取り、自宅の仏間で溺死した。

球磨村では、神瀬地区で3名の高齢者のうち2名は自宅と自宅付近で溺死し、1名は家の横で山から崩れてきた濁流に押し流され、八代海の海上で発見された。一勝地地区でも6名の死者のうち4名は自宅兼店舗が流され、八代海の海上で発見された。一勝地地区から八代海まで48㎞もあり、洪水流の凄まじさが想像される。八代海から53㎞地点の渡地区から上流では、海上まで流された死者はいない。渡地区は高齢者施設の千寿園で14名が室内で溺死、集落内では自宅で2名が溺死し、合計16名の犠牲者がでた。人吉市内では、八代海から56㎞地点の中神上から62㎞地点の人吉市の紺屋町までの間で20名の犠牲者が出てしまった。

上の個人別調査から、溺死者の暴露を増やす脆弱性要素としては、大きく四つの要素がかかわっていることがわかった。「避難するかどうかの判断力」「住宅事情（平屋・2階屋）」「当人のリスク認知力と移動

表1　50名の溺死者の個人状況

ID	年齢	性別	屋外被災	住居形態	浸水状況	移動困難	発見場所	備考
Y01	93	男		平屋	1階水没	○	1階	嵩上済
Y02	68	女		平屋	1階水没	○	1階	嵩上済
Y03	81	男		平屋	1階水没	○	八代海	嵩上済
Y04	83	女		平屋	1階水没	○	1階	嵩上済
A01	78	女		2階屋	1階水没	○	1階	嵩上済、遺骨収集
K01	78	女		2階屋	流出		八代海	嵩上済
K02	52	男					八代海	
K03	81	男					下流（坂本）	
K04	78	女		2階屋	流出		八代海	嵩上済
K05	74	女					八代海	
K06	51	男		平屋	1階水没		1階	
K07	84	女		平屋	1階水没		八代海	嵩上済
K08	80	女		平屋	1階水没		1階	嵩上済
K09	70	男		平屋	1階水没		1階	嵩上済
K10-K23	82-99	男/女		2階屋	1階水没	○	1階または周辺	千寿園14名
K24	65	男		2階屋	2階軒下		2階	
K25	78	女		2階屋	2階屋根付近		2階	
H01	65	男	○	2階屋	—		町外	通勤途上
H02	81	男	○	平屋	1m以下		町外（下流）	
H03	80	男	○	ビニールハウス	—	○	町外（下流）	別途住居あり
H04	79	女	○			○	町外（下流）	
H05	74	女	○	2階屋	1階軒下（半流失）		町外（下流）	
H06	83	男	○				町外（下流）	
H07	62	男	○	集合1階	1階水没		町外（下流）	
H08	77	男		平屋	1階水没		1階	
H09	67	男		2階屋	1階水没	○	1階	
H10	92	女		平屋	1階水没		1階	
H11	62	男		2階屋	1階水没		1階	犬救出
H12	84	男		2階屋	1階水没		1階	
H13	82	女		2階屋	1階水没	○	1階	
H14	85	男				○	1階	
H15	88	男		平屋	1階水没	○	1階	
H16	57	女		集合1階	1階水没		1階	
H17	70	女		平屋	1階水没		1階	
H18	83	男		平屋	1階水没		1階	
H19	50	女	○	平屋	1階水没	○	町外（下流）	
H20	61	女	?	平屋	1階水没		?	猫救出

出所：藤原未奈ほか「球磨川周辺における令和2年7月豪雨犠牲者の被災要因に関する聴き取り調査」『環境社会学研究』27、2021（in Print）

力」「家族・近隣の社会関係」である。

「避難するかどうかの判断」では、50名の溺死者のうち7名は、実は避難途中に道路や水路で流された。自宅に止まっていたら救われたと推測できる人もある。いずれも人吉市内の人たちだ。たとえばH03さん夫妻は、ビニールハウスに普段居住をしていて、元の家に避難したら助かった可能性が高い。集合住宅1階に暮らすH07さんは、歩いて避難したが、2階に避難したら助かっていたと思われる。またH01さんはバイクで通勤途上で、山田川からの濁流に流されて溺死し、H11さんとH20さんはペットの救出にかかわり濁流にまきこまれてしまった。今後避難時におけるペット問題はますます大きくなっていくだろう。

「住宅事情」についてまとめたのが表2である。平屋で縦方向の避難ができず1階で溺死した人は八代市4名、芦北町1名、球磨村18名（千寿園14名含む）、人吉市7名の合計30名であり、50名の溺死者のうち、全体の約6割にあたる。30名の犠牲者のお宅を1軒1軒みせていただくと、平屋であっても、隣近所の2階屋に逃げられる可能性、また山間部なら住宅より高い鉄道線路や裏山など、すぐ近くに高いところがある場所ばかりであった。逃げ延びた人たちの中には家の裏山に避難したり、近隣の2階屋に逃げた人たちもいたことを考えると本人のとっさの避難判断が効いているといえるだろう。

平屋で亡くなった人たちをさぐると、住宅事情にプラスして、「当人のリスク認知力と移動力」が大きく効いているようだ。八代市坂本町の4名の溺死者のうち、Y03さんはかなりの認知症であり、日常生活も不便であったという。それゆえ当日、近隣の人に避難を呼びかけられたが避難しなかったという。また坂本町の他の3人も足腰が悪く移動に課題があったという。また人吉市のH19さんは50歳と若かったが知的障害をもっており、そのことが避難能力をさげてしまったと推測される。また千寿園で亡くなった14名の方がたは介護度4か5で、いずれも強度の認知症で、さらに車いすかストレッチャー暮らしで自力での

表2　個人の住まいの脆弱性（住宅事情）が生死を分けた要因のひとつ

何が生死を分けたのか？	住宅条件	
八代市（4名）	平屋で溺死・流出	4名
芦北町（1名）	平屋で溺死	1名
球磨村（25名）	平屋で溺死・流出	18名（内、千寿園14名）
	2階屋で家ごと流出	5名
	2階屋で2階で溺死	2名
人吉市（20名）	平屋で溺死・流出	7名
	2階屋で1階で溺死	5名
	避難中・通勤中	8名

平屋で溺死：30名
2階屋で家ごと流出：5名
2階屋で1階で溺死：5名
2階屋で2階で溺死：2名
避難中・通勤中：8名（ペット関連　2名）

移動が困難だったという証言が施設関係者からもたらされている。

さらに建物は縦方向の垂直避難ができる可能性があったのに、2階屋の1階で溺死した人が人吉市で5名あったが、いずれも「当人のリスク認知力と移動力」がかかわっていると思われる。H09さんは片足切断しており、2階にあがる移動力がなかったようだ。またH13さん、H14さん夫妻は、2階屋であったが、夫婦とも1階から発見され、2階へ逃げる移動力がなかったと推測される。さらにH12さんは、子どもさんの証言から認知能力に少々問題があったということであった。またH12さんの場合、浸水後、2階にあがる引き戸が動かなかったのでは、という建物の課題も指摘されている。家の中が浸水すると引き戸やドアが開けにくくなることも示唆された。

さらに2階屋でも足腰が悪く屋根に逃げられなかった人が球磨村の渡地区に2名おられた。K24・K25さんのお2人とも屋根まであがる移動力がなかったといえる。さらに2階屋でも洪水の外力が大きく家ごと流出したのが球磨村の5名である。2階屋ごと流されたのは瀬戸石ダムの上流部の渓谷地帯で、数年前に、瀬戸石ダムの水位上昇の影響による土地の嵩上げがなされていた。ということは瀬戸石ダムの影響は事前に認識されていたことになる。

つづいて「家族・近隣の社会関係」からみてみたい。家族事情と年齢をみると、65歳以上が50名中44名で88％が高齢者であることがわかる。平屋の1階で亡くなった方は30名いるが、八代市の4名の死者のうち3名は1人暮らしの高齢者である。球磨村では全体で25名が亡くなったが、千寿園死者14名をのぞいた11名のうち2人は1人暮らしだったがほかは2人暮らしだった。人吉市の20名の死者のうち8名が1人暮らしだった。まとめると平屋の1階で亡くなった30名のうち千寿園の施設での14名の死者以外の16名のうち13名が1人暮らしの高齢者だった。「平屋での1人暮らし高齢者の脆弱性が高い」ことがわかる。

さらに千寿園ではもともと65名の入所者に7月4日早朝の宿直は5名しかおらず、早朝6時過ぎに近隣の人たち10名以上が千寿園にはいり、一部2階になっている事務室に、車いすなどの入所者を1人ずつ避難させたのである。もし近隣からの援助がなければもっともっと溺死者が増えていたかもしれない。

これは先述の住宅事情や認知移動能力と複合的にかかわるが、1人暮らしで地域社会から孤立しがちな高齢者問題がみてとれる。人吉市内のH08さん、H10さん、H16さん、H17さん、H18さんは、1人暮らしで近隣からの避難行動への声かけなどもなかったことが推定される。

今回あらためて、建物の構造と個人の認知力・移動力、そして家族や近隣の社会関係は脆弱性を規定する大きな要因となることがわかった。ということは今後の対策としては、平屋での溺死を避けるため、2階建てへの建て替え推奨や、あらかじめ近隣の2階屋などと事前に約束事をつくり「縦方向の避難」を徹底することで命を救うことができることもわかった。

滋賀県で2014年（平成26年）に制定した「流域治水推進条例」では、200年確率の降雨で3m以上の浸水が想定される地域は、「浸水警戒区域」に指定し、住宅の嵩上げには県からの補助金をだすことが規定されている。被害を最小限に「とどめる対策」として住宅の嵩上げは今後重要な施策となるであろう。滋賀県の流域治水推進条例については第4章も参照されたい。

ただし、今回の球磨村溺死者の中で10世帯（13人）はすでに嵩上げがすんでいた住宅であり、「嵩上げしていたからまさか浸かるとは思わなかった」という声が地元からは何度も聞こえてきた。施設的な対策をとることで、避難体制など、そなえが弱くなる典型的状況といえる。

さらに、個人別の認知能力や移動力も勘案して、日常的に「要援護者避難支援」の制度を今後徹底する必要があるだろう。ここは地域ごとの防災組織による個人別のタイムラインづくりなど、すでに方法は各種提案されている。それをいかに地域社会の現場で実践するかが課題だろう。

―3― 浸水深が浅いところでも溺死者が多いのはなぜか？

「国土地理院浸水推定図（2020年7月4日13時作成）」に犠牲者位置をプロットしたものを検討してみて驚いた。人吉市内で、浸水1m以内のところで溺死者が多く出ていることがみてとれた。それも昭和40年代の地図と今の地図を比較して確認すると「大林町」「下薩摩瀬町」などの新興住宅街だ。一方「温泉町」や「大柿町」は浸水深は3mを超えているが、死者はゼロである。「大柿町」の地域防災会のリーダーに当日の避難状況を聞き取りしたが、大柿町には60世帯ほどあるが、11の班にわかれていて普段から防災訓練などをしていたという。当日も午前3時頃から、各班のリーダーに「今回の雨はかなりひどそうだ」と伝え、早朝6時頃までには川を越えたところの小学校の避難所まで避難を誘導したという。

一方、浸水深が1m以下という浅いところでの溺死はなぜ起きたのか？　たとえば大林町のH02さんは7月4日の早朝8時前後に、自分の家が平屋であるので（図3）、道路向いのお隣に移動しようとして道に出た。そこには幅30㎝ほどの側溝があり（図4）、その側溝が10mほど下の御溝川という江戸時代以来の農業用水路に流れ込んでいた（図5）。向かいの隣家の人が荷造り紐を投げて奥さんは助けることができたが、旦那さんは、側溝から御溝川に流されて溺死してしまい、下流から発見された。

H02さん以外にもH03さん夫婦やH05さん夫婦が避難途中で流された。浅い水であっても水流が速いと溺死する危険性を十分に知っておく必要がある。特に最近都市化された地域では道路がコンクリート化されており水の流れは急流となり、少しの高低差が流れを速くして下流に一気に水を集める。これらの流れは、かつての水田用農業用水であり、土地1筆ごとに水路が緻密にひかれていた。そういう場所が昭和40年代以降、都市化したのである。すべての田んぼ1筆1筆に水をひくのが農業用水であり、住宅地化して

図3　H02さんの自宅とその前の道路
（2020年10月2日）撮影：北村美香

図4　H02さんが流された側溝
（2021年4月4日）撮影：嘉田由紀子

図5　H02さんの家の横の御溝川
撮影：嘉田由紀子

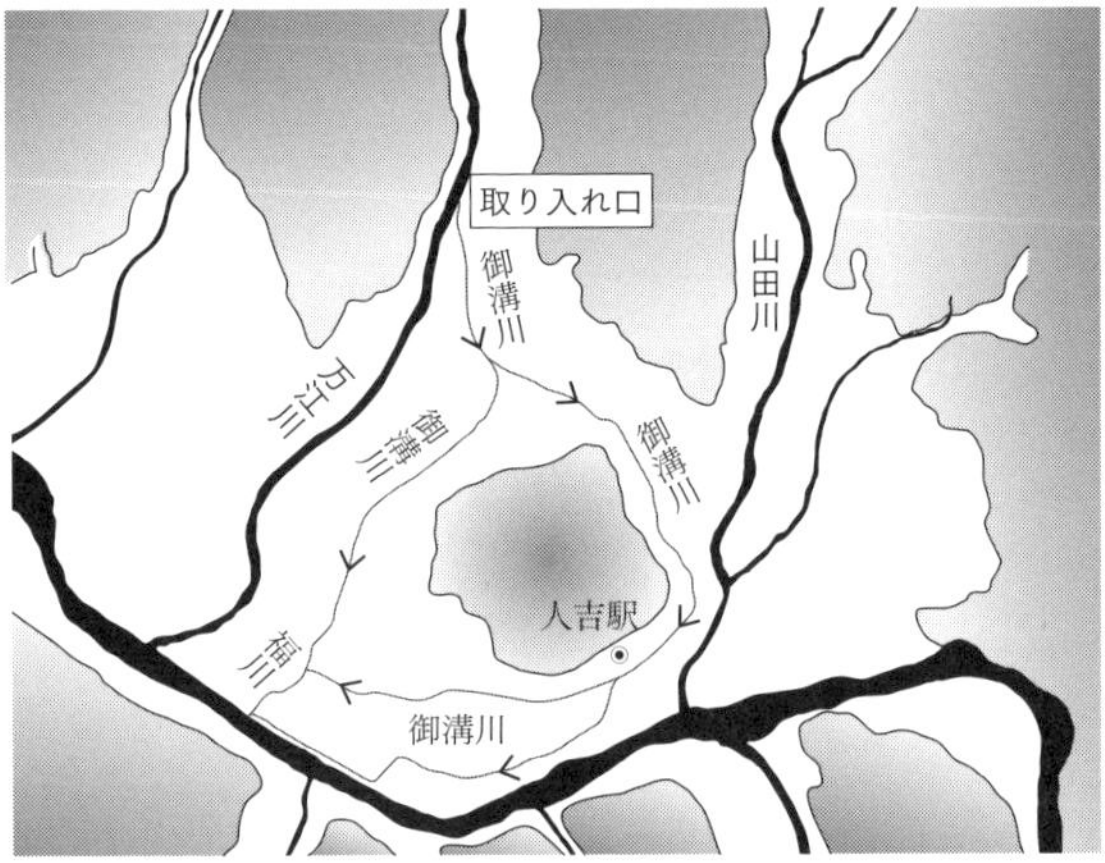

図６　御溝川の水源は万江川中流部
原図：黒田弘行

もかっての水路は暗渠などで残っている。今回は、本来は恵みの農業用水路が、都市化によるコンクリート化で凶器と化してしまったことがわかる。

図6にあるように、御溝川の取り入れ口は、万江川が球磨川本流と合流するところから10㎞ほどの上流にある。7月4日の早朝6時すぎには万江川は氾濫がはじまり、この取り入れ口から御溝川にも濁流が流れはじめ、それが人吉市内の御溝川に流れ込み6時半頃には人吉市内に到達していたことが各地の証言から明らかとなっている。万江川からの水は、球磨川本流からのバックウォーターとはとうてい言えないだろう。

「7・4球磨川流域豪雨被災者・賛同者の会」が行なった２００名ほどの人たちからの聞き取りでは、それぞれの人たちに「何時頃」「どちらの方向から」「どれほどの水があふれてきたか」と確認した。その結果の詳細については、第2章で木本雅己さんから報告をいただくが、万江川、山田川の氾濫時間の早さを考慮すると、人吉市内の溺死者20名のうち、19名については支流の影響が大きいと推測される。国や県の報告には、山田川や万江川の流れは、球磨川からのバックウォーターという発言が多いが、7月4日早朝の山田川や万江川の上流部からの流れは、球磨川のバックウォータとはとうてい言えないだろう。現場市民からの意見との違いがなぜでているのか、今後のさらなる検証が必要ではないだろうか。

4 溺死推定時間からみると、支流や支川、街中水路の影響が大きい

上の聞き取りから、人吉市の中心部の溺死要因と時間を推定したい。青井阿蘇神社の前では、平屋での1人暮らしの高齢者H08さんとH10さんの2名が溺死している。またH09さんの家は2階屋だが足が悪くて1階で溺死している。さらにアパートの1階に住んでいたH07さんが青井阿蘇神社前の道路を歩いて避難しようとしたのを近所の人たちがみている。その時間は午前7時半頃だ。またH01さんは、青井阿蘇神社の横の交差点をバイクで通勤しようとして道路の水で流され、下流で溺死した状態で発見された。H01さんは「交差点の横の木につかまっているが流されそうだ」と妻に電話をしていたのが7時40分頃だ。電話をした前後と思われるH01さんが写っている写真も発見された。これらの水はどこからきたのか、多くの人たちの証言をあわせると山田川からの流れに御溝川の水が合流してきたことがわかる。本流の球磨川からの氾濫ではない。また山田川の左岸の紺屋町での2人の死者が出た時間も午前7時から7時30分頃であることが家族や周囲の証言で証明されている。

これら50名の人たちが溺死をした時間を調べてまとめたのが図7だ。八代市坂本町では支流の河川の氾濫が本流に入り、午前7時から8時頃、一気に平屋の屋根まで水がついて逃げられなかった人が溺死してしまった。芦北町や球磨村の神瀬地区でも山からの支流が本流の水位を一気におしあげた。球磨村の千寿園では、本流の球磨川の水位があがる前に、千寿園の横を流れる小川という支流から上流の山林崩壊による大量の土砂と木材が流れこんだ。時間は7時から8時前後である。上流の人吉市でも、山田川や万江川

八代市坂本町	4名	午前7時-8時頃	ピーク12時
芦北町	1名	午前8時頃	ピーク12時
球磨村	25名	午前7時-8時頃	ピーク11時
人吉市	20名	午前7時-8時頃	ピーク10時

→球磨川本流がピーク流量に達する3-5時間前に溺死発生、支流や小河川の氾濫が早い

→50名の溺死者のうち、川辺ダムができていたら「命が救われと強く推測」できる人はごく少数といわざるを得ない（今後の水量データが補強されたら判断は変わる可能性あり）

図7　地域別犠牲者の推定溺死時間

の氾濫時間は6時から7時前であり、球磨川本流の水位上昇前に、御溝川などの街中水路を氾濫させて溺死者をだしてしまったと推定される。

２０２０年（令和2年）10月6日の「第2回令和2年7月球磨川豪雨検証委員会」で国土交通省九州地方整備局と熊本県が示した、川辺川ダムが存在した場合の水位低下効果の図によると、川辺川ダム直下の地点でダムの水位低下効果がみえるのは午前6時頃であり、その40㎞下流の人吉地点でも午前6時頃にダムの水位低下効果が示され、それより10㎞下流の渡地区でも、またさらに40㎞下流の横石でも午前6時頃からダムの水位低下効果がでているという。今回の豪雨は、下流から上流へ線状降水帯が豪雨を降らせており、午前2時から4時がピークとなっているが、川辺川ダムの上流部では午前4時以降がピークとなっており、水量も下流部と比べると少ない。川辺川ダムが本流のピークカットに貢献したとしても、川辺川ダムから人吉市まで40㎞、さらに横石までは90㎞あり、1時間に10㎞の流速としても、ダムの効果が人吉に及ぶのは午前8時以降、横石では午前12時以降となると予想される。図8は、人吉市内での、川辺川ダムがあった場合の球磨川本流の水位低下効果を示した図（国交省作成）に、人吉市内20名の溺死者の発生時間を重ねたものである。

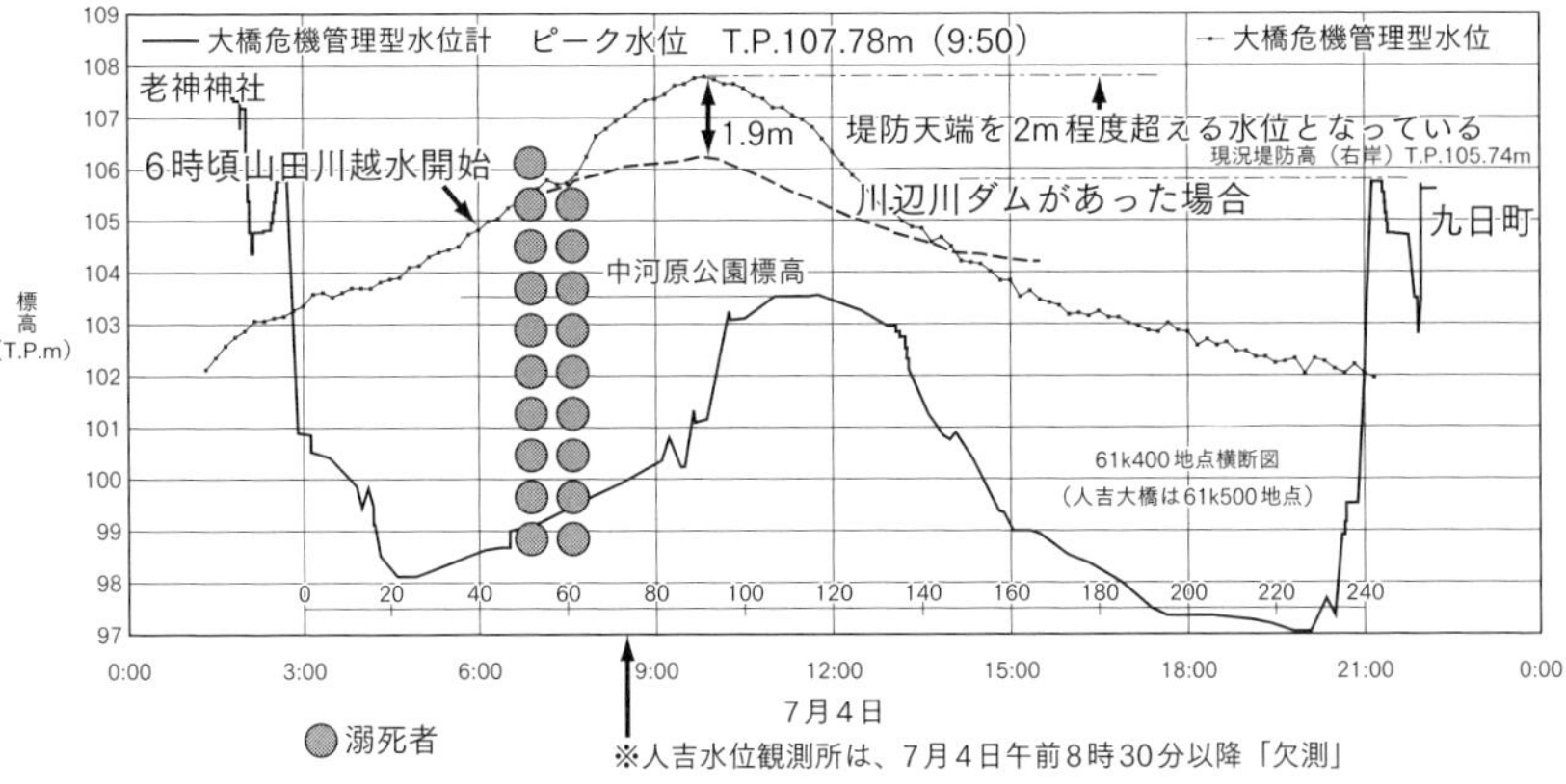

図8　人吉市内溺死者の推定溺死時間と、球磨川本流、川辺川ダムによる本流水位低下効果の時間的配置
出所：「第2回令和2年7月球磨川豪雨検証委員会説明資料」69頁に加筆　協力：緒方紀郎

ダムの水位低下効果が現われる前に溺死者が集中していることがわかる。

このようにみてくると、国土交通省が公表している「川辺川ダムで浸水6割減」「3m以上の浸水面積は9割減」という効果が、そのまま「水害犠牲者6割減」「水害犠牲者9割減」とはならないことも推測される。今回の溺死者精査の結果、川辺川ダムがあったとしてもそれにより救われた命はごく少数といわざるを得ない。とはいえ、私たちは河川工学の水量データをもっているわけでもない。あくまでも現場での聞き取りをつなぎあわせて、最もありえるだろう溺死者発生の時間と、その原因となった水の流れと量についての推測をしているにすぎない。

2021年5月10日には、熊本県知事に対して、住民がすすめてきた溺死者調査の結果を示し、「命を守る」という熊本県の「緑の流域治水」をすすめるなら、溺死者50名の調査を熊本県として独自に行ない、私たちの結果と比較検証していただきたいと申し入れた。同じような調査の必要性について、5月31日には、「被災者の会」が国土交通大臣に対して申し入れたが、溺死者調査をすすめる、という返事はまだ両者から受け取っていない。流域治水を考える場合には、ダムのような河道施設の効果が及ばない領域を忘れることなく、一朝一夕にいかずとも丁寧に施策を積み上げなければならない。

—5— 2020年球磨川水害は流域治水の必要性を証明した

ここまでみてきたように、被災者の生死を分けた要素には、河川や地形の形状とあわせて、住宅事情や個々人の認知・移動能力、年齢や家族事情などの社会的脆弱性が指摘できる。このような脆弱性は、実は、生活者目線で、その危険性をあらかじめ知ることで十分に予防できる課題である。第4章で詳しく述べるが、滋賀県の流域治水推進条例では「そなえる」＝「にげる」政策を、流域治水の一つの柱としている。浸水リスクの高い地域での平屋の高齢者の1人暮らしや障害者の場合には、特別に「要援護者リスト」をつくり、防災組織や民生委員等がいざという時の呼びかけ強化などで多くの命が救えるだろう。近隣の2階に逃げるだけでも命が救える。それは隣近所の関係を、たとえば「お茶のみ友だち」として、日常的につないでおくことだろう。その気さえあればそんなに大げさなことではない。

さらに今回の50名の溺死者発生の要因は、下流部ではスギ・ヒノキ人工林の皆伐やシカの食害などから支流谷川の洪水から一気に本流の水位上昇が起きたことにある。これを防ぐには、何よりも森林の保水力を維持し、シカなどの獣害を防ぎながら山地全体の保全が必要となる。また中流部の人吉地区では、本流の球磨川の氾濫の前に、山田川、万江川、御溝川など、街中水路の洪水氾濫の影響が大きいこともわかった。森林保全や支流・街中水路の氾濫への予防的対応こそ、流域治水の必要性を証明するものである。滋賀県の流域治水推進条例の基本となったハザードマップ（「地先の安全度マップ」）では、大きな1級河川だけでなく、農業用水路や側溝などの小水路も氾濫源の要素とした。人吉市での溺死事例は、「側溝1つでも無視してはいけない」という教訓ともいえる。

また、今回の現地調査で語られた中に「嵩上げしたら安心」「堤防ができたから安心」として、避難にブレーキをかけた事例が各地で聞かれた。ダムや堤防などの防災施設の整備が、人びとの避難意識の低下につながり犠牲者をだしてしまっては本末転倒である。

高齢者施設の設置を許可する市町村行政（ここの場合、球磨村）が潜在的ハザードを意識して建築許可条件を吟味していたか、というような背景も問題となる。2017年（平成29年）以降、厚労省からの指導で、要援護者施設の避難計画策定が義務づけられていたが、この計画策定の有無も確認する必要がある。

1965年（昭和40）年7月の豪雨では人吉市内の家屋全壊14戸、家屋半壊838戸、床上浸水1013戸、床下浸水439戸、そして死傷者は4人である。1972年（昭和47年）7月の豪雨では死傷者は12人、家屋全壊14戸、家屋半壊14戸、床上浸水504戸、床下浸水1062戸となっている。それゆえ、人吉の人たちにとって、避難行動はかなり日常化していることが想像される。

今回の50名溺死者調査での最大の成果は、上のような犠牲者をとりまく脆弱性の構造が、日常の生活レベルで明らかになったことだろう。図1の「水害リスク」の被害構造の内実が明らかになった意義は大きい。そこから次の4点を、今後の死者をださない、日常生活者目線を活かした政策の中で提案したい。

(1)浸水しやすい1階建て住宅の高齢者・障害者に特別な配慮を！
(2)2階建でも2階に逃られない高齢者や障害者にも特別な配慮を！
(3)近隣から孤立して避難行動にでにくい高齢者にも特別な配慮を！
(4)ペットを助けようとして自分も溺死してしまったペット問題から、避難所でのペット受入の約束事をつくり、住民に周知する！

と同時に、今回このような被害者調査をして、何よりも驚くのは、避難をした人の人数の多さだ。真夜中から早朝の避難は、どうしても遅れがちになり、取り残される人が多くなる。今回（２０２０年７月）の人吉市内の浸水家屋数は４６８１戸であり、１戸に平均２人居住していたとして、また自宅に２階があり、在宅の縦方向の避難をした人もいることを想定しても１万人近くの人が浸水から逃れたことになる。人吉市内での７月４日の避難所は15か所設置され、７月４日の午後９時現在の避難者数は１０８８人であり、在宅避難の人が多かったこともわかる。それぞれの移動手段をもって避難所に行く、あるいは２階などへの垂直避難を行なうという避難スイッチが着実に根付いていたことが、記録が残る江戸時代以降、最大ともいえる豪雨であっても、死亡者数が相対的に少なかったことに反映されているといえるのではないか。

また、ダムの緊急放流にかかる情報が、避難行動を促す現代版のトリガーの役割を果たした可能性も指摘しておきたい。結果として、市房ダムは緊急放流を回避することができたが、被災者の会の調査によると、市房ダムの緊急放流を予告する報道をみて避難を決断した方が多いという。

本章に続く章では、下流部の八代市坂本町についてはつる詳子さん、中流部の球磨村については自身も自宅が屋根まで浸水し避難住宅暮らしの市花由紀子さん、人吉市地域では、自らの所有するビルが２階まで浸水して甚大な被害をうけながらも、住民による被害者調査のリーダーシップをとってくれた木本雅己さんに、それぞれ被災当事者としての経験から報告をいただきたい。

［参考文献］
矢守克也（２０１１）『〈生活防災〉のすすめ―東日本大震災と日本社会』ナカニシヤ出版

第2章

何が生死を分けたのか

現地溺死者調査の報告

下流部から

瀬戸石ダムと森林の影響を考える

つる詳子

私が今日お話しするのは、図1に示した球磨川流域のことです。球磨川の河口から20㎞のところにあった荒瀬ダムは2018年（平成30年）に撤去されています。そこからさらに10㎞上流に瀬戸石ダムがあります。今回は紙面の都合上、おおむね八代市坂本町に限って、亡くなられた方の状況、瀬戸石ダムの影響、球磨川流域の山腹崩壊状況について報告します。

坂本町には本流球磨川と、油谷川、百済来川等いくつかの大きな支流が流れていますが、これらの川の傍で大きな被害が出ました。2020年（令和2年）7月4日の未明から6時過ぎぐらいまで、ずっと線状降水帯がかかり続け、その結果、坂本町と球磨村に大量の雨が降り、本流・川辺川上流にもかなりの雨が降りました（口絵❸「令和2年7月豪雨の概要（観測雨量）」および92頁表1参照）。それ以降は小止みになって、1時間10㎜、5㎜前後となっています。そういう状況のなかで水害は起こりました。

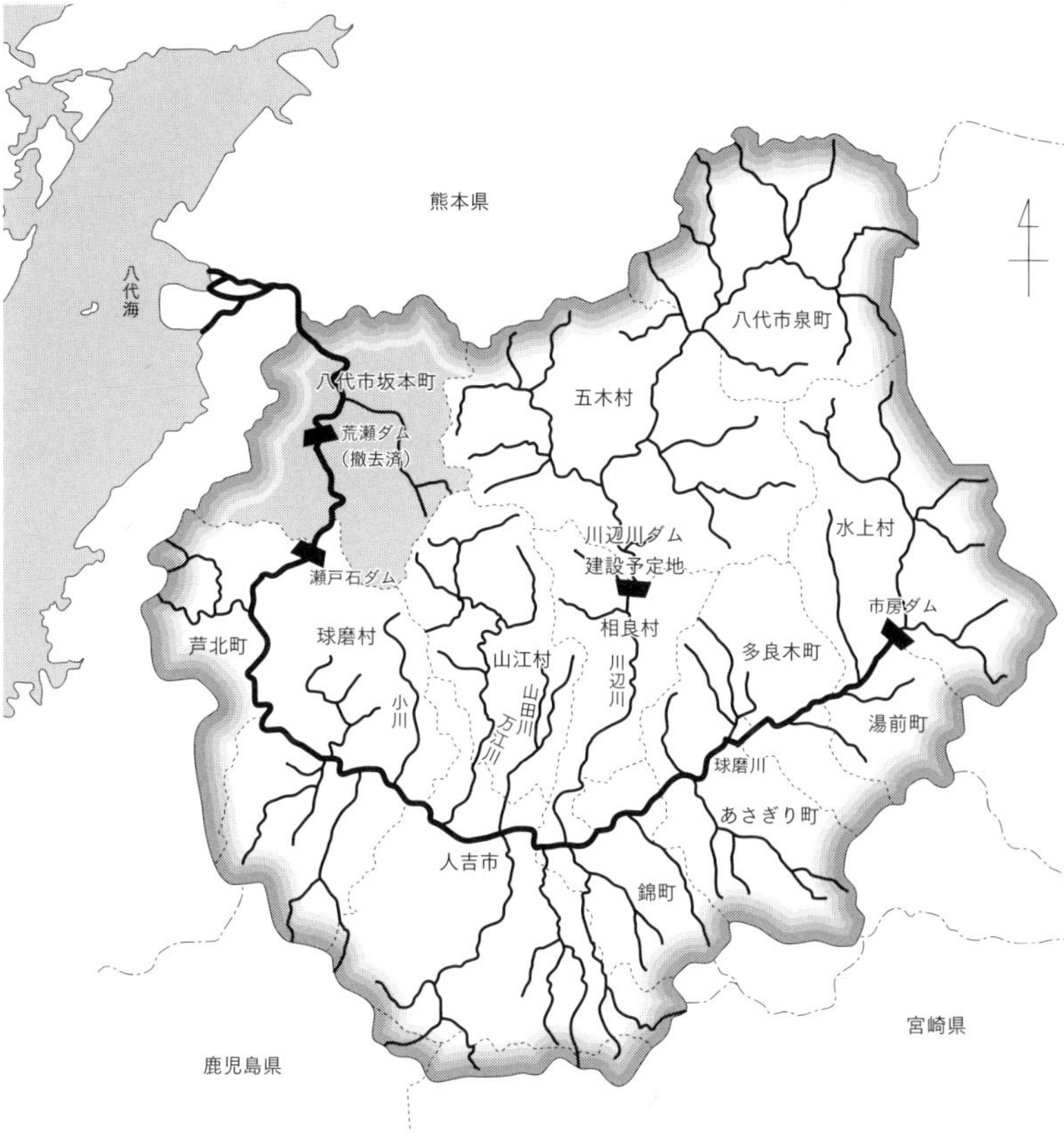

図1　球磨川流域と八代市坂本町の関係
出所：国交省ウエブサイト、日本の川・九州の一級河川「球磨川」より、一部改変

―1― 坂本町の被害状況

図2は7月4日の翌日5日の午前中に私の仲間たちが道路寸断で不通になったため山を越えて被災地に入った時の状態です。国道219号線の一部とか、流出を免れた中谷橋の上は翌日になっても水が溢れて流れているような状況でした。国道はいたるところで崩壊していました。

図3は八代市が作った道路の決壊状況（2020年8月31日）ですが、まだ調査途中の段階なので、市ノ俣川だとか百済来川、あるいは鎌瀬川、三坂川の上流や、あるいは山江林道の決壊箇所は全くこの地図には示されていません。表1は家屋の被災状況です。

たくさんの橋が流出し、球磨川の沿線の集落は大きな被害を受けました。そのなかでも今日は、坂本町で亡くなった方に焦点を当てて説明させて頂きます（図4）。

坂本町で亡くなられた方は4人です。撤去された荒瀬ダムの下流にある大門地区で2人、坂本町の中心部坂本地区で2人、計4人の方が亡くなっています。皆、高齢者です。

ここでは、川が2本になったとか3本になったとかいう証言を多く聞きました。ここの地区だけではないのですが、道路や線路に先に水が溢れてきて、道路が川になり、線路が川になり、後から堤防を越えてきたということのようです。坂本駅周辺で2m、その下流のほうで4～5mちかくまで浸水しています。天井以上に水が来たところも多いです。亡くなられた時間帯を聞き取りから推定しますと、大体朝7時前後に亡くなられています。

私は6時30分までは溢れていないことを坂本地区上流の葉木橋の上のライブカメラの映像で確認、映像をスキャンしていますが、6時30分時点では道路ギリギリで溢れてません。それから短時間のうちに水が上がったというのは多くの被災者の証言どおりだと思います。

撤去された荒瀬ダムの下流にある大門地区（図5）は、写真の曲がってきたところ（太線）の堤防が切れて、道路に溢れ川のように水が走り、その後本流が堤防を越えて水位が上昇し、2軒でお2人が亡くなっています。同じく、撤去された荒瀬ダムの下流にある坂本地区では、坂本駅前のお家といちばん下流側にある方のお家2件でお2人が亡くなられました（図6）。坂本地区で亡くなられた方の原因も、破堤と球磨川本流の急激な水位上昇によるものです。朝7時前後に亡くなられたと推定されます。4名とも高齢者で、体の不自由な方が多く、避難を手伝う人がいなかった。それと垂直避難ができるような環境ではありませんでした。避難の呼びかけはあったのですが、堤防ができて嵩上げされたから大丈夫とすぐに行動していなかったという共通点が浮かび上がってきました。急激な水位上昇も予想以上だったようです。下流のこのあたりに関しては、逃げ遅れを防ぐ対策は、すぐにでもとれるものが多いのではないかと思っています。

図2　2020年7月5日（午前中）の被災状況確認
撮影：A・B；金澤ゆう
C・D；吉田諭祐

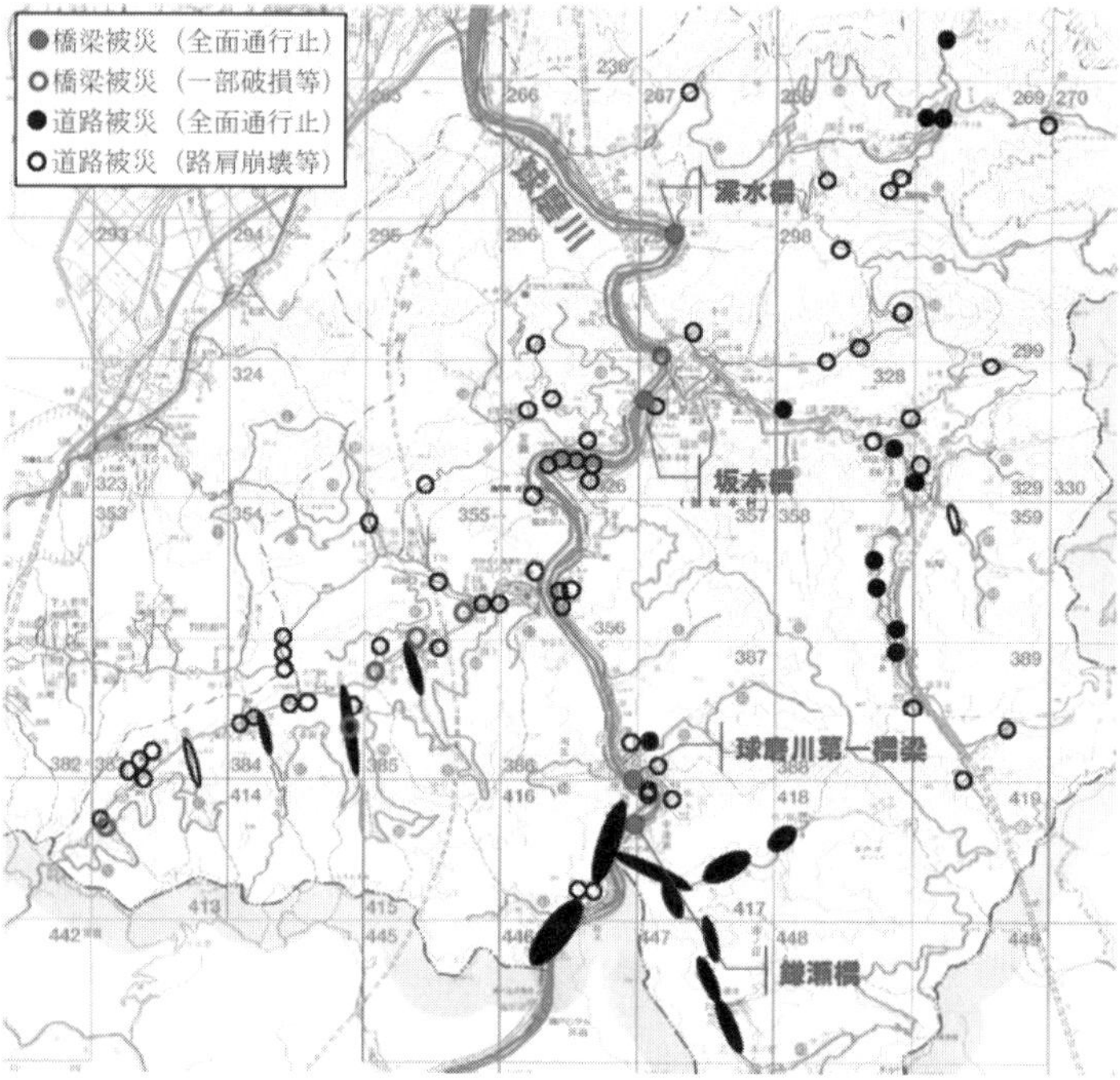

図3　道路と橋の被災状況
出所：八代市「八代市坂本町復興計画」

表1　罹災証明に係る住家被害の状況（2021年1月末時点）

			全壊	大規模半壊	半壊	準半壊	一部損壊	合計	世帯数	被害件数／世帯数
八代市全域			159	66	128	2	90	445	47,972	0.9%
	坂本町		158	66	123	1	82	430	1,505	8.6%
		西部	11	17	46	1	22	97	221	43.9%
		深水	0	0	0	0	1	1	86	1.2%
		中谷	9	6	8	0	9	32	163	19.6%
		鮎帰	1	1	1	0	5	8	174	4.6%
		藤本	90	33	32	0	10	165	390	42.3%
		中津道	43	7	4	0	2	56	138	40.6%
		田上	1	2	18	0	16	37	154	24.0%
		百済来	3	0	14	0	17	34	179	19.0%

出所：八代市「八代市坂本町復興計画」

図4　坂本地区における球磨川の氾濫と死者
図中のID（Y01、Y02…）については28頁表1参照。図5、図6も同
出所：国土地理院ウェブサイト（2009年）に加筆
https://mapps.gsi.go.jp/maplibSearch.do?specificationId=531172

図5　大門地区の被災状況
出所：国土地理院ウェブサイトに加筆
https://saigai.gsi.go.jp/1/index_dmc.html?R2_baiuzensenoame/kumagawa/naname/qv/124A2503.JPG&0.00deg

図6　坂本地区の被災状況
出所：国土地理院ウェブサイトに加筆
https://saigai.gsi.go.jp/1/index_dmc.html?R2_baiuzensenoame/kumagawa/naname/qv/124A2494.JPG&0.00deg

―2―

瀬戸石ダム上下流の被災状況の違い

次に瀬戸石ダムの問題です。水害後の瀬戸石ダムのゲートが開けられたままの状態の時に調査に行きました（2020年7月18日）。瀬戸石ダムは門柱および本体や発電設備等が収められている左岸の部分が川の断面積の多くを占め、その川底には長年の土砂堆積物が大量に堆積しています（図7）。これらが流れを阻害したということは誰も否定できないと思います。

図7　2020年8月2日の瀬戸石ダム　撮影：つる詳子

当日の水量がどこまで来たか分かりませんが、管理橋の流木の状況から2ｍは超えたと思われ、国道のほうに流れた流木が山のようになっていました。この溢れた水量について、ダムの存在で阻害された部分や上流の堆積土砂がなかったらどうなったかという検証が、絶対必要だと思います。

私も鎌瀬橋袂から瀬戸石ダムまで歩き、見てきました（図8）。7月18日の炎天下、堆積土砂の上や鉄橋の上、また、線路の土台がなくなった枕木の上を歩いて瀬戸石ダムまで往復しました。どこまで水が来たかとか、堆積物の高さがどのくらいだったかとか、そこの堆積物は球磨川から来たか山のほうから来たのかとか、いろんなことが分かりました。

図8　鎌瀬橋から県道を通って、瀬戸石ダムまでの被災状況
撮影：つる詳子

図9がその時の瀬戸石ダムの状況です。7月4日における上空からの航空写真（図10）から見ても、瀬戸石ダムの上流と下流では流れの速さあるいは流れ方が同じでないことが分かります。どうして、このようなことが起こったのかということも、きちんと検証すべきではないかと考えています。

私が現場を見た結果をお伝えします。瀬戸石ダムより上流の集落あるいはこの瀬戸石ダムより下流、坂本までの集落、みんな回りましたが、この両者を比べると、水害の起こり方が全然違います。

図11は瀬戸石ダム下流1・6㎞の瀬戸石駅があったところです。この写真は水害から数か月後のもので、道路は埋め戻されていますけれど、水害後、道路は数m抉られていました。この瀬戸石駅前の建物があったところも5m以上抉られていました。周辺の建物はすべて流され、近くにあった2階建ての建物も、跡形もなく、敷地は同様に大きく抉られていました。

瀬戸石ダム下流の被害の状況を見ると（図12）、線路や家は原型をとどめないほどに流出・変形し、瓦礫

図9　2020年7月18日の瀬戸石ダムの状況　撮影：つる詳子

図10　ダムの上下流の流れ方の違い
出所：国土地理院ウェブサイトに加筆
https://saigai.gsi.go.jp/1/R2_baiuzensenoame/kumagawa/naname/qv/124A2555.JPG

図11　瀬戸石駅跡地の状況　撮影：つる詳子

もたくさんたまっていました。残った家屋の中も、写真に見るように天井から土台が落ちたり、家具が散乱し、流木や泥や建具が混ざり合ったりして、メチャクチャになっています。

ところが瀬戸石ダムの上流では相当様子が異なります（図13）。かなり水位が上がった痕跡はあり、線路も曲がっているところも確かにあります。しかし大半は、水に浸かっていたことも分からないほどに元のままにレールがまっすぐ残っているところが多いのです（図13のA）。土砂がレールの上に堆積しているところもありますが、多くは川からではなく山から崩れてきた土砂でした。なにより、土砂で埋め尽くされた集落が多いのですが、その様子が下流とは全く違います。堆積土砂の表面が平らで、凸凹しておらず、家屋の流出は全くなく、家屋外部の破損も少ないのです。看板や電信柱も傾いていません。上流側の集落の共通した特徴です。

図13のB～Dは瀬戸石ダムから上流に1・6㎞の多武除集落で撮影したものです。ここでは道路の堆積物の面が平らですし、建物もベランダまで水が来ていますが、

図12　瀬戸石ダム下流の線路や集落、家屋内の被災状況
撮影：つる詳子

図13　瀬戸石ダム上流の線路や集落、家屋内の被災状況
瀬戸石ダムの上流ではレールがまっすぐに残っているところが多い (A)。
堆積物の面が平らであることもこの地域の特徴 (B ～ D)
撮影：つる詳子

洗濯物干しや植木鉢などすべて倒れていません。建物の中を見ると、干してあるタオルの真ん中まで水が来ていることが痕跡から分かりますけど、室内物干し台もそのままです。堆積している泥も同じ質の泥が水平にほとんど同じ厚さで堆積しています。椅子や壁に立てかけてある箒すらそのままでした。

これらのことは、瀬戸石ダムの影響なくしては説明がつきません。国交省や自治体は住民参加の下、検証すべきことでした。しかし、今その検証がないままに、堆積土石は撤去、多くの建物が解体され、下流の線路は埋められています。

―3― 球磨川流域における山腹崩壊の状況

次に7月豪雨災害と山の問題についてお話しします。

球磨川流域は地質的にもともと崩れやすいところにあるというのが特徴です。私は、坂本町だけでなく、球磨村、市房ダムのある水上村から五木村、あるいは山江村万江川沿い等、車で行けるところは行って、車で行けないところは歩いて行きました。その中の坂本町の部分だけ、山の崩落箇所をプロットしてみたのが図14です。プロットは川の堤防決壊、川の増水によって山側の斜面が落ちてきた箇所は除いてあります。山の崩落が原因と思われる箇所のみプロットして、崩落の高さ1～3m程度の小さな崩落は除いてありますが、いかに多いか分かると思います。

図15に行徳川の流域を示しました。図16のA、B、C、Dは図15中に示したそれと対応しています。図16のAは球磨川との合流点近くの行徳川の被災後の写真ですが、2～3m幅しかなかった川幅が10倍ぐらいに広がって、その両岸のスギの木はみんなエぎ倒れていました。上流の山江林道に行くと（図16のB～D）、

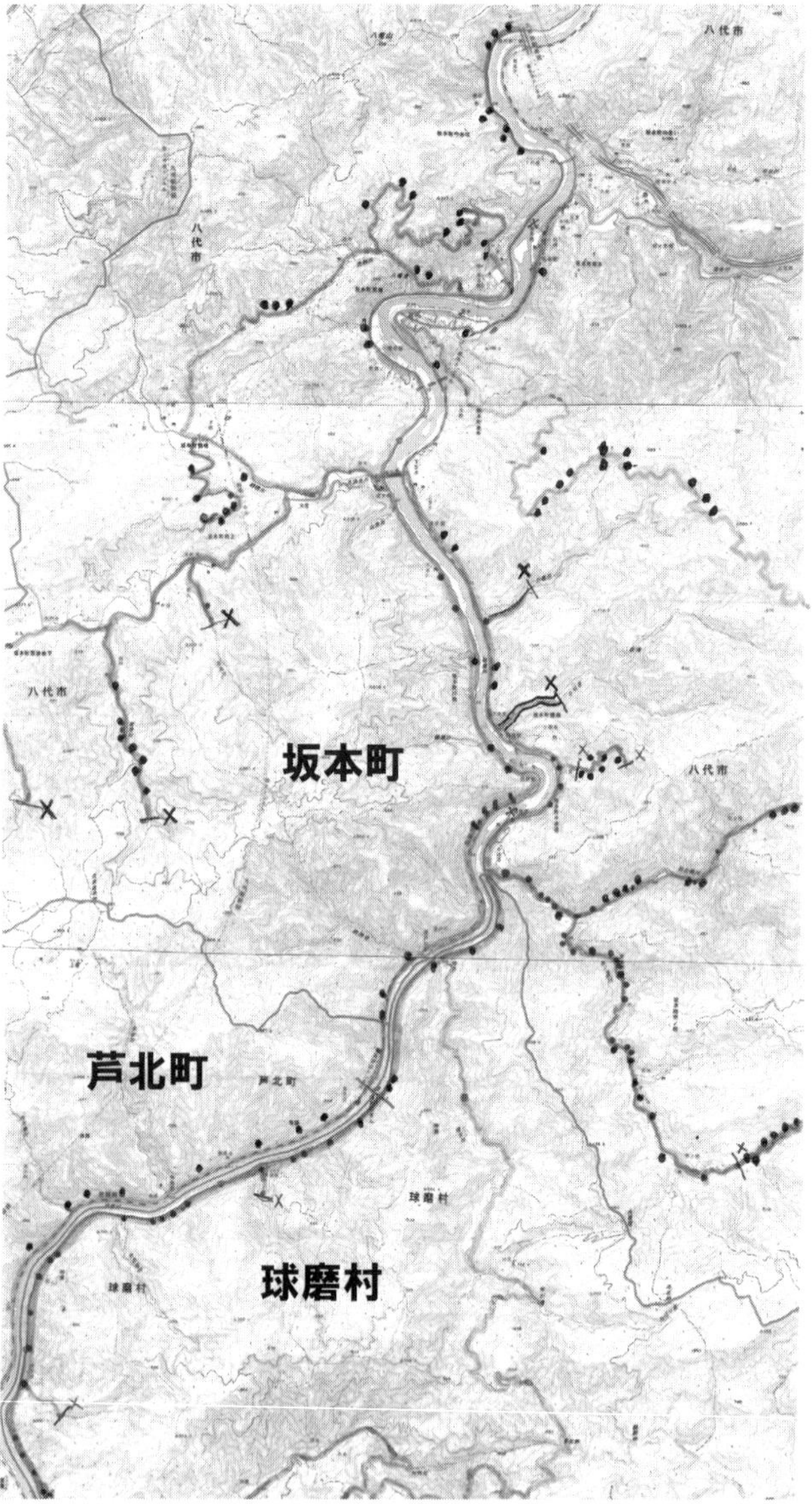

図14　山の崩落箇所（坂本町）
出所：国土地理院ウエブデータに加筆

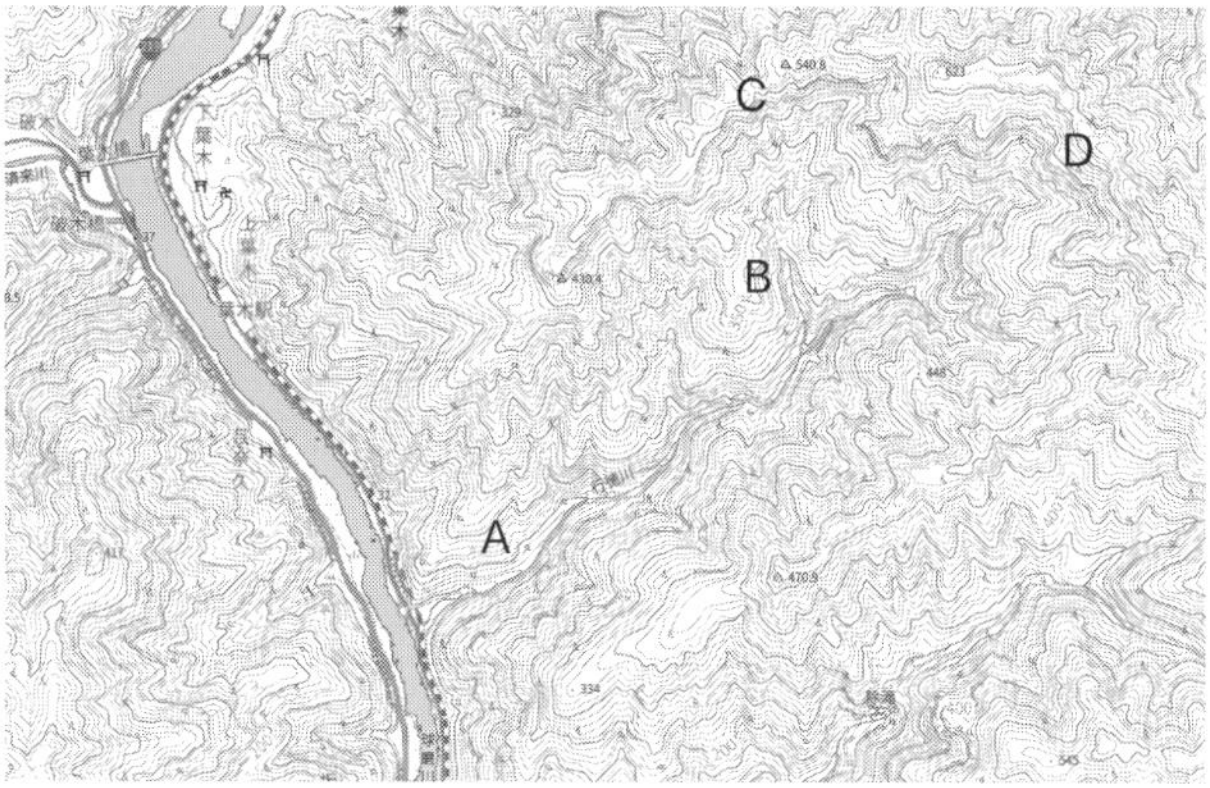

図15　行徳川の流域
出所：国土地理院ウエブデータに加筆

図16　行徳川下流の豪雨後の状況と上流の崩落箇所
A ～ Dは図15に対応
撮影：A、C、Dはつる詳子、Bは福岡工業大学渡辺尋斗

図17　市ノ俣集落上流の土砂崩落箇所
撮影：つる詳子

林道が崩落し、山側から谷までずっと崩れています。大規模の崩落個所が行徳川の集水域の中だけでもたくさん確認できました。しかし、このような崩落が起こった範囲を、国交省のハザードマップの災害が起こりやすい地区を重ねると、全く外れているのです。これはハザードマップが間違っているというのではなく、この流域ではハザードマップでは予想できない事態が起こっているととらえるべきだと思います。

それは市ノ俣川流域も一緒です。市ノ俣川やその支流枳ノ俣川においては、人工林の荒廃、皆伐が影響しています。この流域について縷々説明する時間はありませんので、写真だけお見せします（図17、図18）。図18の下の写真は違法伐採地のようですが、現場を見たら、その崩落具合からどこに原因があるのかが分かります。

百済来川支流はいまだに行けないところが多いです。歩いて行けるところまで行くと、調べた小さな支流の集水域にある林道すべてで、斜面や道路の崩壊などが起こっていました（図19）。

図19　百済来川支流の崩落箇所
撮影：つる詳子

図18　市ノ俣川流域に広がる皆伐地
撮影：つる詳子

図20　シカの食害に起因した斜面崩壊　撮影：つる詳子

今回の流域の山の崩落問題でもう一つ大きな原因はシカの食害です。図20はその影響をずっと見続けてきたところですが、5年ぐらい前から林床の下草がなくなりはじめ、表土も崩れはじめ、雨が降るたびにぼろぼろと崩れるのを見てきました。今回の水害では、30mぐらい上から崩れていました。被災前から流域中でそのような斜面を多くみていましたので、水害が起こった時すぐ、山が崩れたのだと思いました。

流域の森林は、昔はほとんどが図21の上のように土は見えない程に緑で覆いつくされていましたが、今は下のように、流域のほとんどの斜面が同様で下草も低木もなくなっています。両方を見れば、保水能力が低下し、降った雨がすぐに川に流れ込むのは当然だと理解して頂けると思います。

シカ防護柵がないところではいたるところの斜面がシカの食害によって図22のようになっています。そのほかにも、放置モヤシ林、伐採木の放置、伐採後の土砂止めの有無、あるいは、列状間伐した箇所の崩落等々山の崩落につながる森林の荒廃にはさまざまな要因があります（図23）。

図21　昔（上）と今（下）の流域の森林の違い
撮影：つる詳子

図24は皆伐地から崩落を起こした現場（山江村）を水害後確認した箇所ですが、２０２１年5月の雨でも崩れています。ほかの場所でも、現場を見たらなぜ崩落したかが分かるところがほとんどです。また今回は、ヒューム管とかコルゲート管など道路下の配水管が全く機能せず、土石や流木で埋まり、道路を壊したところをいたるところで見ました。数か所の砂防ダムを除き、ほとんどの砂防ダムで土石が越え、下の道路崩壊につながっているところも多く確認しました（図25）。

今回は主に坂本町の報告にとどまりますが、水上村、五木村、球磨村は坂本町以上に皆伐地が多く、土砂崩れが起こっている現場を数えきれないほど確認しました。今回雨量が比較的少なかった水上村、五木村も、同様の雨が降っていたら、大きな被害を起こしたことでしょう。

以上報告したように、予想以上に荒廃した山の下流に住んでいることを私たちは認識すべきです。

7月4日、洪水から逃げて2階とか3階に避難している知人と電話のやり取りをしている時、市房ダム

図22　シカ食害で崩落寸前の斜面
撮影：つる詳子

図23　その他の森林問題に起因した災害

上左：放置モヤシ林の倒壊
上右：伐採木の放置
下左：列状間伐地の崩落
下右：伐採後の土砂止めなし

撮影：つる詳子

図24　皆伐がまねいた土砂崩れ　撮影：つる詳子

放流の放送がありました。結果中止になりましたが、その時は正直、知っている人はみな死ぬんだと思いました。球磨川流域の水害を含め最近の洪水はもうダムでは防げず、かえって被害を大きくする危険があります。今までの治水は増水した川を治めることを考えますが、今求められているのは、堤防やダムなどで、河川に出た水をコントロールするという考え方のみで行なう治水ではなくて、昔に比べてどうして大量の水が一気に川に流出するのか、水の面的な発生源も視野にいれた治水の方策です。山の保全は急務です。特に今回これだけ多くの被害を出した球磨川流域では、流れを阻害する河川構造物は撤去し、同時に皆伐は一切中止し、山の崩落を防ぐ森林施業へと森林政策を方向転換してほしいものです。

図25　道路下の暗渠・ヒューム管
撮影：つる詳子

中流部から

球磨村からの報告

市花由紀子

1　8時5分で止まったままのわが家の時計

2020年（令和2年）7月豪雨災害の時、球磨村の渡地区で被災しました（図1）。私の自宅は5mほど浸水し家の時計は8時5分で止まり、水が溜まったままになっていました。この写真（図2）は娘が、片付けに行った時に、時計を見て「この時間に水がここまで来たのか…」と撮影したものです。豪雨災害の時、球磨村で何が起こっていたかをお伝えしたいと思います。

球磨村は熊本県の南部に位置する人口約3300人、村の9割が山間部の、山と川に囲まれた静かな山村です。豪雨災害前はJR肥薩線に週末はSLが汽笛を鳴らしながら川沿いを走り、夏は球磨川の急流を楽しむ多くのラフティングファンの歓喜の声が響くなか、瀬のあたりには尺アユを求めて全国から釣師が集まる…。球磨川の自然の豊かさがあるからこその風景が、あちこちに広がっていました（図3、図4）。

球磨村は上流から、渡地区、一勝地地区、神瀬地区と球磨川が流れ、下流の八代に向かって渓谷部が続

図1　球磨川流域と球磨村の関係
出所：国交省ウエッブサイト、日本の川・九州の一級河川「球磨川」より、一部改変

図2　浸水した自宅の時計は8時5分で止まったままに　撮影：市花あこ

図3　渡地区の鉄橋はSLひとよしの撮影ポイント　撮影：市花保

図4　一勝地を下るラフティング　撮影：市花保

きます。川と山がずっと続く地形はこの土地ならではかもしれません。球磨川のいわれは「九万の支流をもつ川」と書いてある本もありました。球磨川を中心に多くの支流が百足の足のように広がり、川に沿い、谷に張り付くように小さな集落が点在しています。

球磨村では、この豪雨災害で25名の方が犠牲となりました。亡くなられた方に、心からご冥福をお祈り申し上げます。今回の災害は、八代や坂本、球磨村のなかでは下流の神瀬地区から線状降水帯がかかりはじめ、山にぶつかった雨雲はその中流域に雨を降らし続けました。この線状降水帯は、その後球磨川流域一帯にかかり、大きな被害をもたらしました（表1）。

私が住んでいた渡地区は球磨川流域の狭窄部が始まる場所となります。球磨川と支流の小川の合流点にある高齢者施設千寿園では14名（28頁の表1ではK10〜K23。以下同）の高齢者が亡くなられています。また渡地区では2階に避難したものの増水の勢いが速く、避難しきれずに自宅で2名（K24、K25）亡くなられています。

一勝地大坂間地区では、家が基礎ごと流失し、2家族5名（K01～05）が犠牲になりました（図5）。家が基礎ごと流れるなんて、どんな破壊力なのか想像できますか…。しかもこちらの2軒は数年前に嵩上げした新しい店舗兼ご自宅でした。ここでは近くの橋も流失し、狭窄部での増水の破壊力の凄まじさを感じました。一勝地淋地区ではこのほか自宅で1名（K06）亡くなっています。車を避難させたところまでは確認されていますが、その後平屋のご自宅に戻り被災されています。

球磨村のなかでも下流になります神瀬堤岩戸地区では岩戸川という小さな支流が増水し、球磨川の増水の前に水が襲ってきたとお聞きしました（図6）。その後は本流からも水が入ってきて、避難しきれずに3名（K07、K08、K09）の方が亡くなっています。暗い時間の増水、支流の増水の勢い、その場にいた方は

表1　球磨村被災状況

死者	25名
渡	16名（千寿園14名）
一勝地	6名
神瀬	3名
浸水面積	約70ha
床上浸水	470件
床下浸水	20件
橋の流失	10本
球磨川にかかる橋	5本
支流にかかる橋	5本
仮設住宅	268棟（751名）
みなし仮設	90戸（246名）

注：2021年5月31日現在、354世帯997名の方が仮の住宅で生活している

図5　一勝地大坂間地区では橋と家が流出し5名が犠牲になった　撮影：市花保

図6　神瀬堤岩戸地区では球磨川よりも先に支流岩戸川の増水が襲い3名が犠牲になった　撮影：市花保

本当に怖かったと思います。

神瀬の川内川の合流点の地区では、川内川の氾濫と下流にある瀬戸石ダムが水の流れを停滞させ、２階まで浸水する被害となりました。川を挟んだ芦北町でも被害者が出ています（28頁の表1、A01）。どの住民さんとお話ししても、まさか、ここまで水が来るとは予想していなかった…と口々に言われていました。

—２— 私が球磨村にきて、びっくりしたこと

私は球磨村在住15年になります。川の近くの渡茶屋地区に7年、渡小学校近くの同島田地区に8年住んでいました。茶屋、島田地区は、球磨川と支流小川の合流点の周辺であり、以前から水害常襲地帯でした。地元の方は何度も大水を経験していますので、川のことをよく知っている地区です。

特に茶屋地区は、１９６５年（昭和40年）にも大きな水害があり、水害後に建て直した家は1階が駐車場や物置、2階、3階が居住スペースというピロティ様式の家が多く、雨の季節は、水が来ることは前提のこととして生活していました。球磨川が増水すると、樋門を締めることによって、内水が上がってくることも茶屋地区に来て、私は初めて体験しました。家の前の道に水路から、低いところからじわじわと水が上がってくるのです。球磨川本流の水が堤防から、溢れるのを見たのは今回が初めてのことでした。

雨が降ると、私たちは球磨川の水位チェックをします。渡に観測所がありましたので、いつも見ていました。そして数字だけではなくて、川の様子を見てどこまで水が来ているかを見て、準備に入ります。ですから近所の方は球磨川がそんなに増水をしていなくても、「そろそろ準備しておいてね」と、あまり川のことを知らない私のところにも様子を見にきてくれて、車を上げるタイミングなど声をかけてくれまし

た。何度か一緒に避難させてもらいました。

川の近くに住む人が、雨が降ると川の様子を見に行くのは当たり前のことで、水量や流速、上流から流れてくるものなどを見ながら川がこれからどうなるのか分かるのです。増水する時には川の中心が盛り上がるとか、流木や大きなものがどんどん流れてくる時は、まだまだ増水するなとか、これはもう水量は落ち着くななど、ずっと川と付き合ってきたから分かることなのでしょう。

私が、いちばんびっくりしたことは、子どもや高齢者は先に高台に避難をしますが、荷物を上げる人が一部残ることを見た時です。大水を何度も経験している人たちは、川の水がどこから上ってくるかをよく知っています。浸かりはじめるのが早い家から、みんなで手伝いに行き、畳や家財道具を上げるなどお互いに必要なところから避難をします。あるお家では仏壇を2階に上げる滑車をつけていたというお話も聞きました。水が上がってくるのは一時的なことなので、その時はみんなで協力して被害を最小限にするのです。車を高い場所に避難させる時も、高台の地区の方は庭先を貸してくれます。困っている時はお互いに助け合う、大水の時は地区全体で助け合ってきたのが、この地区なのです。

—3— 家が音を立てて動き出し、目の前の家がなくなってしまった

豪雨災害当日、球磨川が堤防を越えた後の渡茶屋地区の様子を一言でいうと、集落が本流のようになり大きな川になっていました。どんどん水位が上がるなか、球磨川と小川の濁流が家を次々に壊し、見えていた家が少しずつ動きはじめました。壊れた家がその次の家を壊していく…。この時の光景とあの音は一

生忘れないと思います。茶屋地区の人たちは、いつも大雨の時は早くから準備をされていましたが、この日も夜中の2時くらいから避難行動をされています。球磨川の増え方がいつもと違う…と感じたといわれていました（図7）。

雨が激しくなったうえに、市房ダムが夜中に事前放流をしています。長年の経験からこれはまずいと、寝ている人を起こし、声をかけあい、念のために逃げようと、高い地区へと移動されていました。この判

図7　渡茶屋地区、被災当日9時38分（上）と被災直後（下）の様子。茶屋地区では午前2時から住民同士で声をかけあい避難行動を開始し奇跡的に犠牲者が出なかった
撮影：市花保

断は正しく、集落の半分の家が流されて、水が引いた後は、まるで津波の跡のような恐ろしい様子になっていましたが、この地区は、犠牲者は出ていません（後で4名逃げ遅れていることが分かり屋根からヘリで救出されています）。まさしく積み重ねてきた経験があったからだと思いますし、私自身も、茶屋で何度か増水から避難したあの経験がなかったら、今回の自分の高台への避難も間に合わなかったかもしれないと思いました。茶屋で学んだことは大事な経験でした。

―4― ずっと地元の人は指摘していたのに

渡地区では、浸水被害の軽減対策として、常設の排水ポンプ3台（約11億円）、そして小川の流れを球磨川にスムーズに流すために造られた導流堤も２０１４年（平成26年）に完成し、内水の被害は少なくなりましたが、それが逆に油断でした。今回のような想定を上回る豪雨災害では、堤防から水が溢れた時点で、軽減対策に用意したものはすべて役に立ちませんでした。

避難して、増水の様子を高台から見ていて思いました。人間なんて自然のなかでは無力なのだと。本流に支流をスムーズに流すための導流堤も、小川の上流からの流木や橋を流すような濁流に、導流堤が蓋をして流れを邪魔しているように見えると思いました。上流からは山が崩れたのか大きな木が根本ごと立ったまま流れていたそうで、それを見ていた上流の住民さんはこんな流れ方は初めてだと言っていました。球磨川はまだ余裕があったのに、先に氾濫していた小川は、堤防の低い場所から浸水をはじめました。球磨川本流の流れが堤防を越えると、堤防に設置されていた排水ポンプは黒い煙と凄まじい音とともに水に沈んでいきました。

図8　住民が懸念していた堤防の低い箇所に水が集中し破堤　撮影：市花保

そして地元では以前から、水が上がってくると気になる場所がありました。小川にかかるＪＲの鉄橋の部分です。堤防がほかのところよりここだけ低くなっていました。地元住民は以前よりここから水が入ってくると指摘していましたが、ここを高くするには線路を前後数㎞にわたって嵩上げする必要があるため、改修がなかなかすすまず、心配していたことが的中しました。あの豪雨時に、この低い箇所に水が集中し、堤防から小川の濁流が溢れ、その流れが堤防を洗掘し破堤しました。破堤した後は濁流が一気に茶屋や島田を襲いました（図8）。

—5— まさか…自宅が水に浸かるなんて

私の自宅は、村営住宅の平屋でした。現在は解体され更地です（被災後7か月後に解体される）。その住宅は屋根までの高さが５ｍ10㎝。隣は村の集会場があり、この地区の指定避難所でした。私たちは高台に避難した後、ずっと記録のために写真や動画を撮っていました。水位が上がるたびに写真を撮り、夢を見ているようでしたが、泥水に少しずつ家が浸水していきました。庭先から床下、床上、軒下、最後は屋根が少し見えるだけになってしまいました。このあたりは約4時間で約5mほど浸水しています（図9）。

まさか、まさかです。自宅が水に浸かってしまうなんて…。私は信じたくない目の前の光景をただただ見守るしかありませんでした。隣の指定避難所、近隣の2階建ての住宅も2階の床まで水に浸かっていました。ただ我が家は、後ろに小学校の運動場のフェンスがあったおかげで、家の中を流木や濁流が流れることはなく家財道具はぐちゃぐちゃになりながらもそのまま残っていましたが、家の中を濁流が流れて窓

図9　渡島田地区の自宅は5mほど浸水した
写真中の点線が水の来た位置
撮影：市花由紀子

を突き破っているようなお宅は自分の家のものは何も残っていなかった、と言われていました。そのかわりどこからか流れてきたのか分からないものがたくさん残っていたそうです。

当日の記憶を思い出してみますと、いつも川が増水すると様子を見るため出かけていく夫が、その日も川の様子を見に行く準備をして一旦家を出ました、が、すぐに家に戻ってきました。「堤防が破堤したみたいだ、川の水が道路まで来ている、うちにも水が来る、すぐに車を上げて…」と言われて、私も外を見ました。本来見えるはずの国道や茶畑が茶色の泥水で浸かっていました（図10）。

私もこれはいつもとは違うと思いました。すぐに車を上げて、子どもと一緒に高台に上がりました。小学校や住宅は国道から少し高い場所になっていたので、まさかここまで水が来ることはないと思っていましたが、支流の小川が溢れ、球磨川も溢れ、田んぼや低い場所はすでに浸かっています。どこまで水が来るのか不安なまま高台から自宅を見ていました。高台に避難して1時間すると運動場は見えなくなってしまいました（図11、図12）。

この頃、千寿園ではガラスが割れて園内に水が侵入しはじめています。その頃の自宅の浸水水位は庭先から浸水1・6〜1・7mあると思います。10時10分ごろ、自宅はわずかに屋根が見えるところまで浸水しました（図13）。渡地区は10時30分頃が、最高水位だったと思います。8時半頃、市房ダム緊急放流の情報が流れたそうです。周りの方に教えてもらいました。増水するなか、この状態でダム放流なんて信じられず、下流の人たちは見捨てられるのかと恐怖しかありませんでした。

5時48分、渡小正門前で夫が避難しながら写真を撮っています（図14）。小川が破堤し、水がどんどん千寿園の方に近づいていています。この写真の奥の家では1人高齢者が自宅で亡くなっています（28頁の表1、K25）。この時、すでに1階は水没しています。娘さんとお母さんの2人暮らしで、水が上がりはじめて、

図10　自宅近くにて５時46分頃。小川が破堤、国道が川になっていた

図11　５時56分、避難した高台から。渡小学校の運動場に水が溢れている

（撮影はいずれも市花保）

図12　6時55分、避難後ますます水位が上がる

図13　10時10分、屋根まで浸水した自宅

図14　5時48分、千寿園駐車場に迫る小川からの水　撮影：市花保

図15　2階に避難するが高齢者が犠牲に（渡島田地区）　撮影：市花保

2階にいれば大丈夫だろうと垂直避難されますが、今回の増水はあっという間に2階まで水が押し寄せ、娘さんは2階からなんとか外に出て屋根に上がりますが、高齢のお母さんは逃げることができず2階の部屋で亡くなられていました。体験された方でないと分かりづらいと思いますが、泥水というのはとても重たいです、家の中の扉なども重たくなって動かなくなることも多く、どうして逃げなかったの…と言われる方もいますが、濁流の中では簡単に移動や避難できないのが現実です（図15）。

娘さんは2階から屋根に逃げて、ラフティングのボートに救助されています。私の夫もラフティングのガイドをしていたので、このボートに合流し千寿園の救助に向かいました。千寿園に入った際には胸の高さぐらい水位があったそうです。

—6— 千寿園でも必死の避難活動が

被災の当日の千寿園の様子です。65名の入所者に対して、4～5名の夜勤のスタッフ、朝、浸水が始まると地域のボランティアが駆けつけて、入所されている方を1人でも安全なところにと、事務所のある2階に避難をされていますが、高齢者施設のため、寝たきりの方や車椅子の方、介護度の高い方が多く、避難を自力でできる方はごくわずかでした。救助の手は足りていなかったと思われます。

新聞報道によると、4日の午前4時に職員の方が小川の水位が危ないと、人吉にいる園の責任者に報告されています。5時半には国土交通省も監視カメラで小川の氾濫を確認、その頃には球磨村につながる道路は冠水し、さらに増水した後は村内でも園には近づけなくなっていました。7時頃に小川の水が千寿園のガラスを割って入り込み、14名の方は8時頃には溺死してしまったと推測されます。8時40分頃、園の

図16　救援に向かうラフトボート。12時50分頃千寿園に到着するがその際の水位は胸の高さ。浮流物の上にいた生存者2名を救出する（渡島田地区）
撮影：ランドアース

1階が水没、2階の手前まで水が溢れる…とあります。テレビでは8時半に市房ダムの緊急放流の報道が流れていたと聞いていますので、千寿園でもやっと避難できたのに孤立し救助を待つなか、市房ダムの緊急放流を聞いた方は恐ろしかったことでしょう（図16）。

—7— 内水の影響は救助も阻んだ

周辺の道路が水に浸ってしまったことは、救助にも影響しました、球磨川の水が引いても、樋門が閉まったままになっていたので、渡の今村地区の内水が引かず、国道や低い場所は浸かったままでした。暗くなってから千寿園の入所者のさくらドームまでの搬送は、ヘリが使えず車とボートのピストン輸送になり、入所者をとにかく最後の1人まで搬送しました。搬送を手伝い夫がクタクタになって帰ってきたのは夜の10時頃でした。今回の高齢者施設の被災時の教訓は今後の施設の設置場所の安全性や、避難計画のなかで十分にいかして頂きたいと思います（図17）。

—8— 今までの治水対策は、温暖化の気候変動にはもう通用しない

被災後、片付けや避難所生活で身体的にも精神的にも限界の頃、川辺川ダムの話が再浮上しました。仮に、川辺川にダムがあったら助かったかもしれない、との説明もありましたが、上流のダムである程度の流量をカットできたとして、渡地区での支流の小川の増水が始まった、朝5時から7時の時に、その効果

が本当にあったのでしょうか。球磨川本流ばかりに目がむいていますが、私たちが目にしたのは支流小川からの流木や濁流でした。

渡より下の下流域はもっと早くから氾濫しています。以前の貯留型ダムの計画の計算で、渡で1・7mカットと発表されました。新しい流水型ダムも計画段階でカットできる流量の効果はどこまであるのでしょうか、また満水になった時も大丈夫なのか、疑問ばかりです。また、そのダムの緊急放流の試算の資料を国も県も必要ないと破棄していたという報道もありましたが、流域住民には必要な情報を破棄するなんてひどいと思います。デメリットもしっかりと説明してもらわないと判断できません。

子どもの時に、ダムは洪水の時に下流の人たちの命を守ると教わりましたが、私が実際に経験したのは、夜中の暗い時間に市房ダムが事前放流し増水する恐ろしさ、いざダムが満杯になったら下流が浸水していても、放流をしなくてはダムを守れない理不尽さでした。私は目の前で自宅が水没していく様子を見て、ダムの効果はどこにあるのだろうと心から絶望しました。これは、その状況にいた人でないと分からない気持ちだと思います。

今回の災害で、流域住民は今までの常識がすべて覆されました。いちばん球磨川を知っているはずだった住民ですら、想像しえなかったことが起こり、自然の脅威を感じました。今までの治水対策では、対応できなくなっている、間に合わなくなっているというのが今回の豪雨災害だったのです（図18）。

—9— 川は山から始まって、海までつながっている

川の整備ももちろん必要ですが、球磨村は9割が山間部です。支流の氾濫は山から始まっています。特

図17　冠水した国道219号
球磨川の堤防樋門が開かず7月5日午後になっても水が引かなかった
撮影：市花保

図18　渡地区の相良橋
橋をも流す自然の脅威を目の当たりに
撮影：市花保

図19　根っこがついたままの巨木が小川の支流から流れてきた
撮影：市花保

に今回氾濫した支流の上流の山は昔と様子が変わっていて、山の手入れが追いつかない状態になっています。そんなところから山が崩れ、川が土砂で埋まり、道が川のようになってしまった場所を多く見ました。気候の変動にあわせて、この山の様子が変わってしまったことは災害をより甚大にしてしまっていると感じます。川とあわせて山のことも昔のように健全化させないと、これから先も、大雨でなくても災害は繰り返されてしまうのではないかと心配です（図19）。

ある方が言いました。「人間がどんなに想定しとっても自然はそれを超えてくる」。私も、球磨川が堤防を超えて来る様子を見て思ったことと一緒です。本当にこの言葉は被災者の心の叫びです。今後さらに気候変動がすすむと2020年のような災害はどこでも起きる可能性が高いと考えます。子どもたちが大人になっている頃はもっと深刻になっていることでしょう。子どもたちの未来を準備するのは私たち大人です。子や孫に危険な未来を用意するわけにはいきません。

私の娘は中学3年生でこの豪雨災害を経験し、ポツリと「あの日のことは一生忘れないと思う」と言いました。被災後に失望感のなか、涙を流しながら泥まみれになって片付けをしながら心に誓いました。この災害で分かったことはしっかりと検証し、無駄にしない対策を求めます。そして私自身もこの体験はこれから先、命を守るための教訓にして生きていきたいと思っています。

上流部から

人吉盆地の実態調査から何を学んだか

木本雅己

私は「清流球磨川・川辺川を未来に手渡す流域郡市民の会」（以下、「手渡す会」という）に所属して28年になります。この間川辺川に計画されたダムの反対を続けてきました。2008年（平成20年）に蒲島郁夫熊本県知事のダム中止表明があり、「ダムによらない治水を検討する場」という国、県と市町村の首長だけの協議が10年以上続きましたが、ダムを造りたい九州地方整備局の河川部主導の会であったためか、実効的な対策が人吉市に示されたことはありませんでした。特にいちばん効果的な堆積土砂の撤去については対策から外されるなど、人吉市民の感覚からはかけはなれた治水の策定が行なわれていたとみています。そのような状態のなかで2020年（令和2年）7月4日の洪水が起こり、この洪水で人吉市の私の家は2m60㎝の浸水被害を受けました。

球磨川流域豪雨災害の主だった地域は、八代市坂本町、芦北町、球磨村、そして人吉市です。ここに、想定できなかった豪雨が降り、破壊力の強い洪水となり、そして観測史上最大という被害が発生してしまいました。この未曾有の災害は人吉市民に多大な犠牲を強いることになり、市民は現在復旧のための道を模索している状態ですが、復旧、復興のためには、なぜこれらの災害が発生したのかという事実の解明がまずなされるべきです。そのなかでも特に、なぜ人は亡くなったのか、何が生死を分けたのかという分析による解明を最初にやらねばなりません。しかしながら熊本県はそれらの原因の解明をすることもなく、唐突に流水型ダムの建設を計画するという暴挙とも思える表明をしました。私たち「手渡す会」は、被災後に新たに立ち上げられた「7・4球磨川流域豪雨被災者・賛同者の会」とともに被災直後から洪水の解明を始め、以下のような検証をしました。

―1― 球磨川流域と豪雨災害

球磨川流域豪雨災害の主だった地域を図にしました（図1）。球磨川の最下流が八代市、次が球磨村、人吉市、そしてその上流で球磨川の最大の支流、川辺川が球磨川と合流しています。球磨川にはたくさんの支流があり、上流には1960年（昭和35年）に建設された県営で多目的の市房ダムがあります。過去にこのダムは3度も緊急放流を行なった悪名高いダムであり、下流域に位置する人吉市はこの緊急放流による洪水被害を受けてきました。同時に、市房ダムによる球磨川の水質悪化に長い間悩まされています。球磨川が辛うじて清流と呼ばれるのは、上流の最大支流、川辺川から水質日本一の豊かな清流が流れ込んでいるからなのです。

球磨川流域はほぼ山地です。本来雨は森を作り育てるものです。豊かな森林に覆われている山ほど、多くの水を蓄えることができます。

戦後の拡大造林により、球磨川流域の多くの山で自然林が伐採され、スギ、ヒノキの植林がすすめられ

図1　球磨川流域と人吉市の関係
出所：国交省ウエッブサイト、日本の川・九州の一級河川「球磨川」より、一部改変

ました。多くの山がはげ山と化した昭和40年代には多くの洪水が発生しています。その後針葉樹林の成長がすすみ、しばらくの間大きな洪水は発生しませんでした。しかしここ10年ほど前から成長したそれらのスギ、ヒノキ伐採が始まりました。しかも多くの山で大規模の皆伐が行なわれ、球磨川流域の山はいたるところはげ山の状態になっています。つまり山が保水できない状態になっているのです。

球磨川流域はほぼ山地です。そして全域が豪雨地帯でもあります。梅雨前線は西から来ます。梅雨前線の雲は東シナ海からたくさんの水蒸気を含んで流れ込み、この山にあたりそして雨を降らします（図2）。豪雨は保水できなくなった山地の土砂を削り、土石流を生み出し、下流の森林を破壊し巻き込みながら、一挙に本川球磨川へと土木石流を流し込むのです。

近年世界中で温暖化による異常気象が発生していますが、その傾向は、この地域では気温の上昇と降雨量の増加となって現われています。特に梅雨前線の活発な時期には線状降水帯によりその傾向が顕著となっています。梅雨前線が停滞する時、球磨川流域では下流域ほど大雨が降ります。表1で明らかなように、球磨村がいちばんの豪雨地帯です。しかも今回は、球磨村に劣らぬくらいの雨がほぼ全流域に降っています。国の80年に1度の計画降雨量よりはるかに多い雨量、つまり「想定外」と国がいう降雨でした。しかし、川辺川上流の雨量は、例年の梅雨前線がもたらす雨と同様に、他の地域と比べると少ないものでした。それは西から来る東シナ海の雲が、球磨村の山で多くの雨を降らせるためです。川辺川の集水域の山々は球磨村より東に位置しているために、降雨量は少なくなっています。

地球温暖化による降雨量の増大と球磨川流域の山地のはげ山化により、今回、球磨川水系のほぼすべての河川において莫大な土石と流木を運び出す猛烈に危険な洪水が発生しました（図3）。２０２０年（令和2年）の球磨川豪雨災害を甚大化させたいちばんの要因は上流域から下流域に至る山の荒廃であり、異常

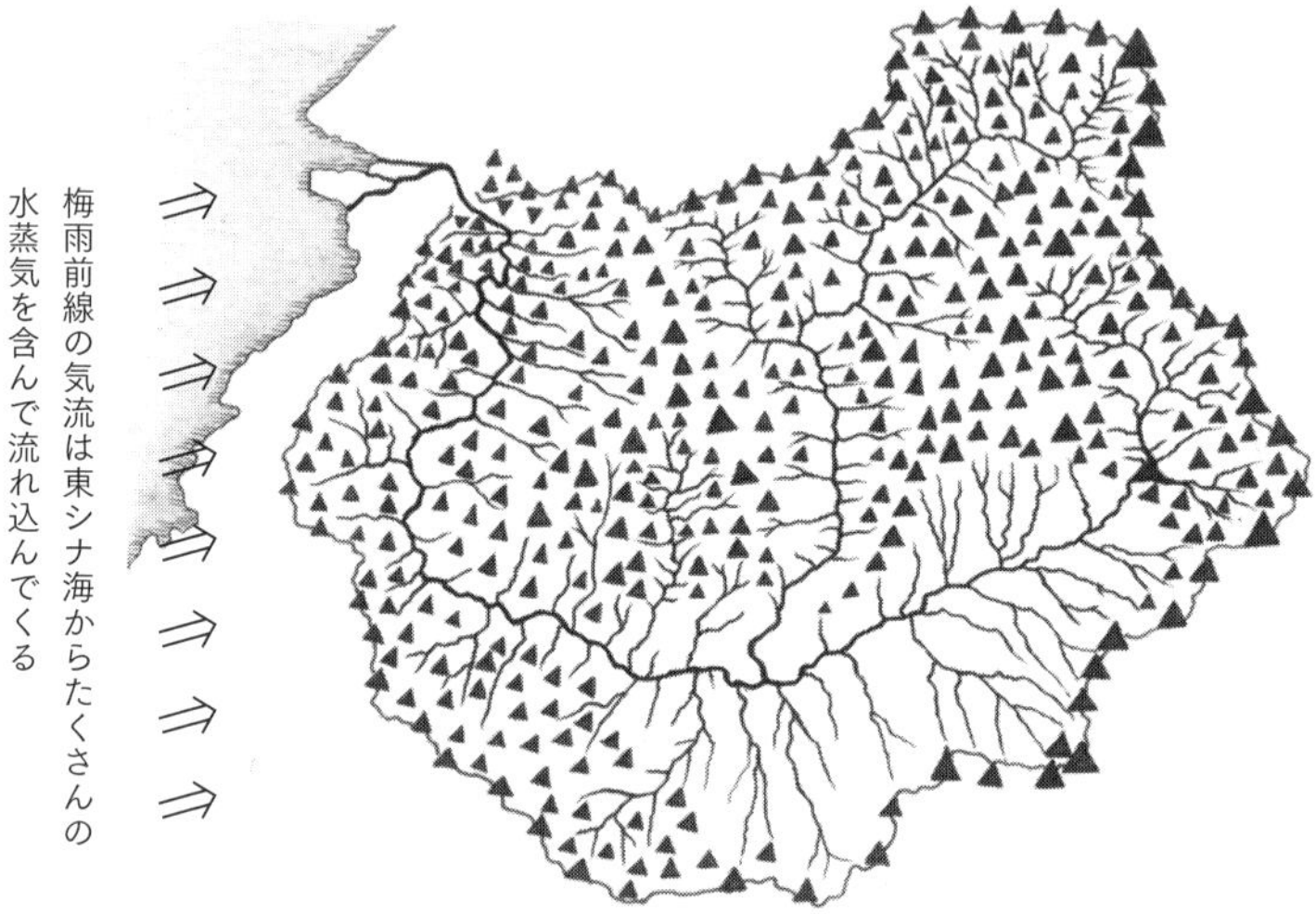
梅雨前線の気流は東シナ海からたくさんの
水蒸気を含んで流れ込んでくる

図2　山が雨を降らす
球磨川流域はほぼ山地。全域が豪雨地帯である

表1　2020年7月4日 球磨川流域に降った集中豪雨

30mm/s 以上、 50mm/s 以上

	市町村	河川名	観測地点	1時	2時	3時	4時	5時	6時	7時	8時	9時	9時間雨量
	坂本町	百済来川	川岳	10	19	55	72	34	58	40	13	3	304
	芦北町	天月川	大野	34	54	38	48	79	32	63	45	8	401
	球磨村	川内川	神瀬	29	51	59	78	72	62	73	35	6	465
		芋川	岳本	27	52	40	31	74	11	42	44	14	335
		那良川	三ヶ浦	23	64	37	22	51	7	26	60	24	314
		鵜川	球磨	27	58	40	21	68	8	31	47	14	314
⇧		小川	大槻	29	39	65	74	73	52	67	欠測	欠測	399＊
下流	山江村	万江川	大川内	21	36	62	65	61	66	59	欠測	欠測	370＊
	人吉市	胸川	砂防人吉	24	61	15	3	34	26	42	100	62	367
		鳩胸川	大畑	33	26	21	13	32	25	14	77	59	300
上流	あさぎり町	田頭川	深田	26	74	27	13	40	24	44	54	36	338
⇩		阿蘇川	須恵	27	51	42	22	56	12	22	50	17	299
	多良木町	柳橋川	城山	19	62	26	6	36	35	45	54	44	327
		小椎川	黒肥地	21	44	48	28	45	18	26	41	19	290
	湯前町	仁原川	湯前	23	71	36	23	48	31	56	51	30	369

注　＊は欠測のため7時間雨量　　出所：国土交通省「川の防災情報」リアルタイム雨量データより抜粋

な雨が短時間に降ったために起こったのです。そして、人吉市とその下流で被害が顕著であり、洪水後にダム建設が検討されている川辺川流域の被害は、下流に比べるとはるかに小さいものでした。

図3　流域のいたるところで猛烈に危険な洪水が発生した（相良村柳瀬、くま川鉄道川村駅周辺）
撮影：黒田弘行

2　洪水被害を激甚化させた二つの原因
――支流の氾濫と上流からの鉄砲水

人吉市街地を襲った洪水の話をします。人吉市では20名の方が亡くなられています。私たちはこの豪雨災害を検証するために165名から浸水時間と浸水深の証言、2000枚以上の写真、映像の入手、また240名の避難行動の証言を集めました（図4）。本来、洪水被災者の声を聞き、原因を探るのは国や県の

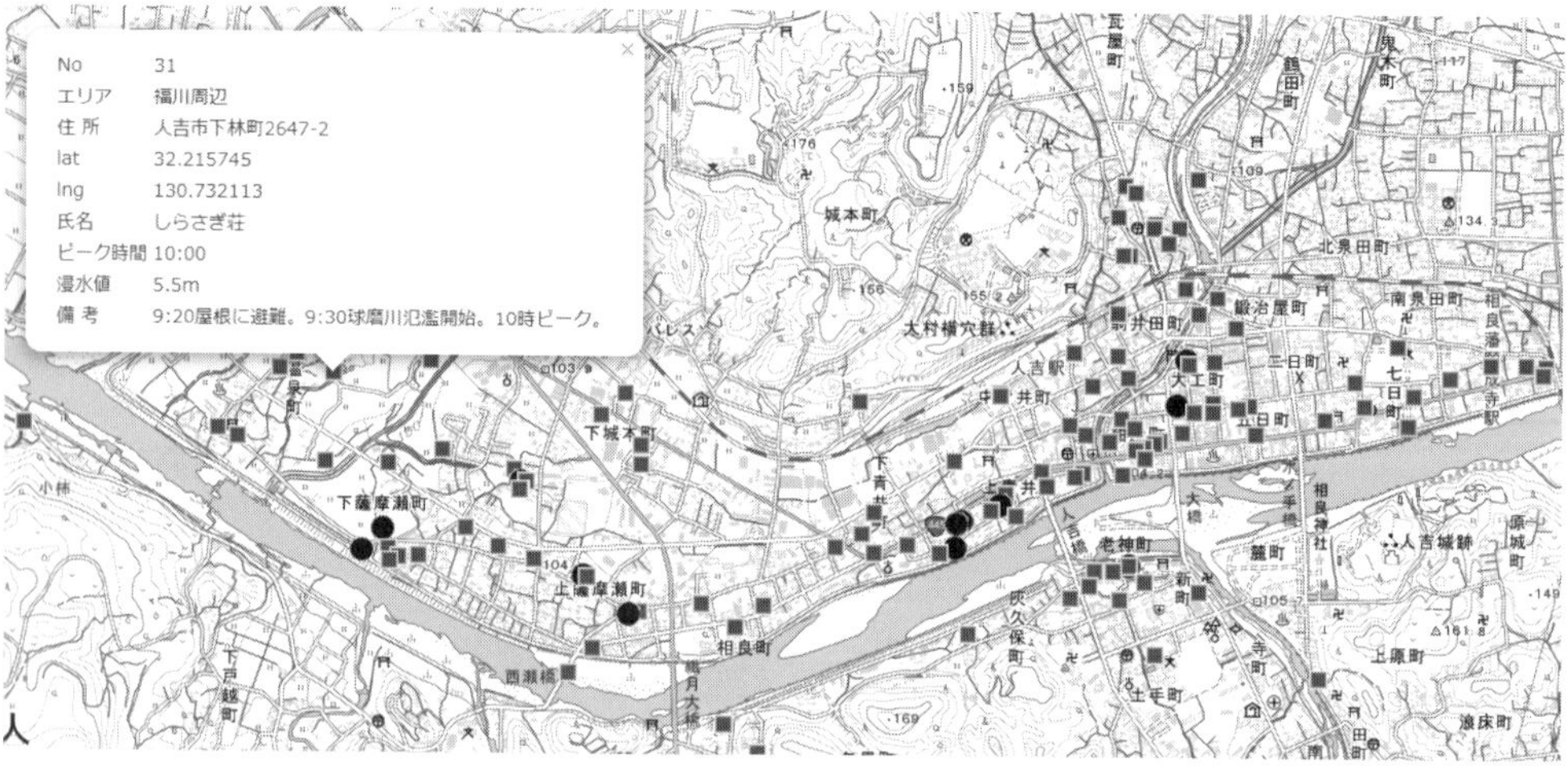

図4　洪水直後から多数の証言・写真・映像を入手し検証
出所：国土地理院ウエブデータに加筆

行政が行なう業務であり、原因の究明なしに次の洪水への対処は的確に行なえないはずですが、現時点で、行政は実行していません。私たちは証言や写真を解析し、二つの事実にたどり着くことができました。

その一つは、朝早くに市街地を流れる球磨川の支流である山田川、万江川《まえがわ》からの氾濫が始まり、その水が流域住民の命を奪ったという事実、もう一つは市街地の上流部で鉄砲水が発生し、洪水被害を大きくしたという事実です（図5）。国、県はなぜ人が亡くなったのか、どうして亡くなったのかの検証をしていません。また相良村《さがらむら》にある、くま川鉄道の橋梁（球磨川第四橋梁）が木材によりふさがれ一帯がダム化したこと、そしてその後溜まった水が橋脚を破壊することにより、津波のような濁流が一挙に人吉市街地を襲ったという事実も国と県は確認していません。

洪水被害を激甚化させた一つ目の原因である支流の氾濫について説明します。図6は人吉市街地を流れる球磨川の支流の山田川の様子を写したものです。まさに堤防を越えようとする瞬間をとらえています。時刻は7月4日午前6時26分です。多くの証言と記録によると、山田川の下流、本川球磨川は8時頃から、

図6　人吉市街地を貫流する球磨川支流の山田川、6時26分
写真提供：清流球磨川・川辺川を未来に手渡す流域郡市民の会

図5　支流の氾濫と上流からの鉄砲水に襲われた人吉市街
写真提供：共同通信社

堤防からの越流を開始しています。国は球磨川のバックウォーターにより市街地が水没したと発表しましたが、その球磨川の氾濫時間より90分ほど早い時間です。この山田川や万江川という支流の氾濫は急激な流れを伴って市街地に入り込みました。そして市街地一帯をほぼ水没させました。この流れる濁流により、8時までの間には人吉市の20名の犠牲者の大半は亡くなられたと推測できます（36頁図8参照）。

山田川や万江川から氾濫した水は、市街地を縦横に走る御溝《おみぞ》（江戸時代に水田開発のために造られた用水路）や小河川を伝わり急激な流れを形成し、市街地を短時間のうちに泥流の町にしました。図7には、支流の山田川、万江川からの氾濫で亡くなられた方々の被災場所を示しています。亡くなられた方々の場所を示す点のそばには、必ず御溝が通っています。また亡くなられた方が多い地点は、市街地のなかでも標高が低い場所です。市街地へ入り込んだ濁流は地形の低いところを目指して一気に流れ込んだのです。亡くなられた方の年代は80歳代が8名といちばん多く、平均年齢では74・1歳です。また屋内と避難途中で亡くなられた割合はともに50％で、屋内から逃げる余裕がないほどの出水に遭遇したことや、屋外での急激な増水により命を落とされたことが推測されます。

今回の洪水でなぜ命が失われたのか、20名のうちの2名の事例を紹介します。目撃証言によると、H01（28頁の表1に対応。以下同）さんは午前7時37分頃、図8の左側にある人吉橋を通過しようとして右から左へとバイクで走ってこられたそうです。勤務地に向かう途中の事故だということがのちに判明しました。この交差点で山田川から氾濫してきた濁流に遭遇し、バイクと共に流されたそうです。この交差点のすぐ先、左側の方が球磨川です。この時点で球磨川の本流はまだ氾濫していません。そして、この先の橋はまだ十分渡れる状態でしたが、橋の手前が低くなっており、そこに向かって山田川から流れ込んできた水がH01さんの命を奪ってしまう結果となりました。

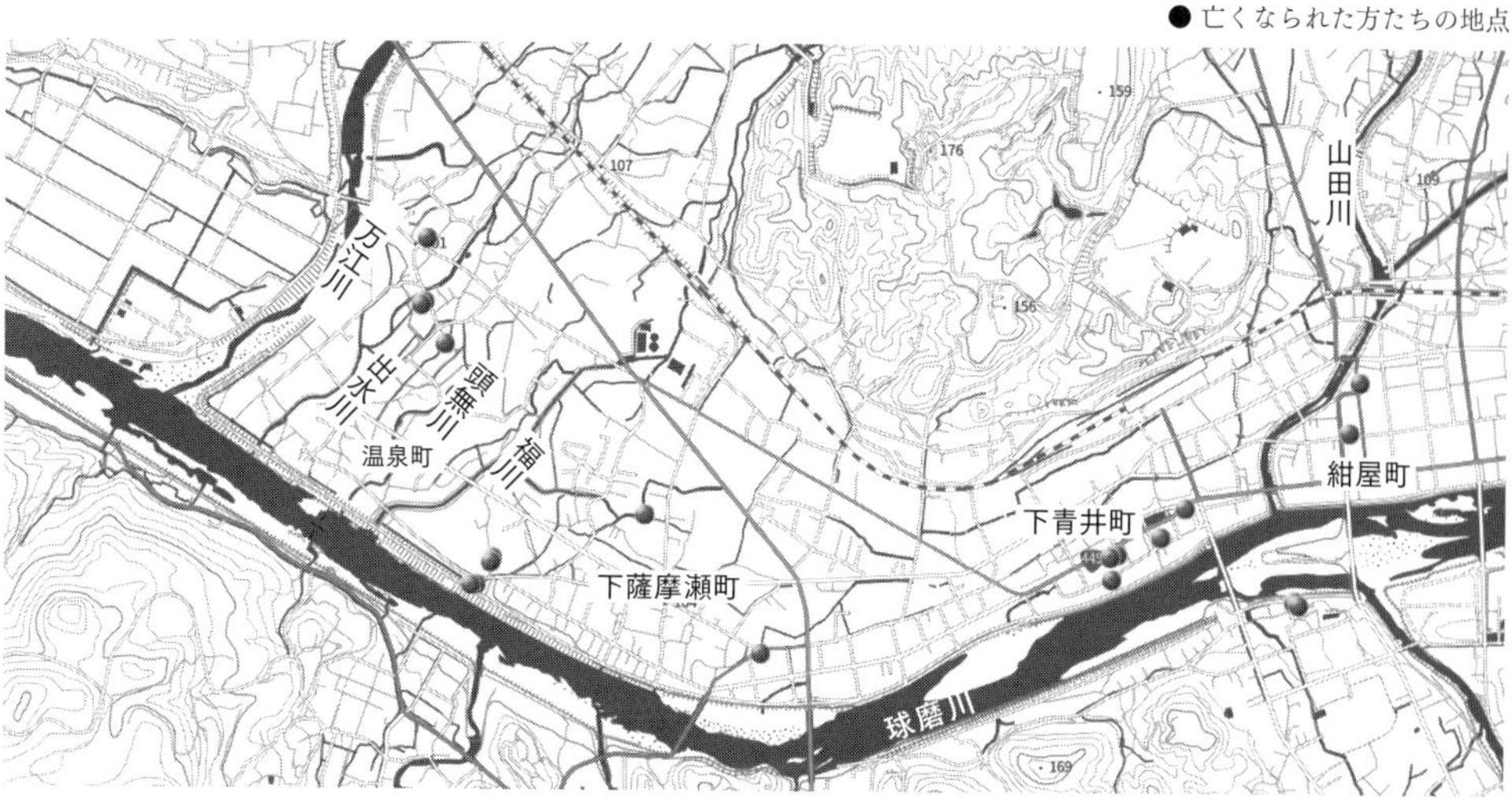

図7　御溝や旧河道という地形がつくりだした激しい流れが市街地の多くの人の命を奪った
出所：国土地理院ウエブデータに加筆

図8　H01さんは　どこで　なぜ？　撮影：魚住芳正

図9　H02さんは　どこで　なぜ？　撮影：北村美香（2020年10月2日）

図9はH02さんの自宅の写真です。現在は更地になっています。H02さんは山田川と御溝の氾濫により、家から避難途中に家の前の道で被災されました。時刻は8時頃です。山田川や万江川から氾濫した洪水は流れが速く、また先に述べたように御溝が市街地のいたるところを流れています。H02さんの家の裏手と横にも御溝が流れており、さらに家の前の道には深さ1mほどの比較的狭い水路があります。近隣の人の証言によると、H02さんは家の裏手から水が迫ってきたのを知り、夫婦で家の前に出られたそうです。その頃、家の前の水深は50㎝程度で、道を横断することは可能だったそうですが、家の前の水路に落ちた奥さんを助けようとして水路に入り、奥さんを助け出した後にH02さんは御溝に流され命を落とされました。

ここで、災害の甚大化に影響を及ぼした治水施設について説明しておきます（図10）。手前の方が球磨川本流で、奥が市街地です。連続堤防が造られています。球磨川の水位が下がっても連続堤防のために水が抜けきらず浸水したままの状態が続き、救助作業も難航しました。いわゆる出水時には、堤防や樋門は市街地の水位を上昇させます。そして人の避難を困難にさせます。また減水時には、いつまでも市街地に泥流が溜まり続け、救助活動を難しくさせます。樋門は地形的に標高の低い場所に設置されているために、想定以上の水が集まった場合には樋門は閉じられ、そこに水が集まるために、洪水初期において樋門近くに居住する人たちの避難行動を抑制することになりました。いわゆる内水が災害を拡大していることが今回の洪水で明らかとなっています。

次に、洪水被害を激甚化させた二つ目の原因について説明をします。人吉市街地の5㎞ほど上流に球磨川と川辺川が合流する地点があり、そこは相良村になるのですが、くまがわ鉄道の鉄橋、球磨川第四橋梁があります（図11）。太い線で示した箇所がそれです。ここで発生した現象について説明しましょう。

球磨川と川辺川の合流点の直上の低地は丸太の集積場となっており、洪水時には膨大な量の丸太が貯木

図10　連続堤防は市街地全域をダム化させた
写真提供：時事

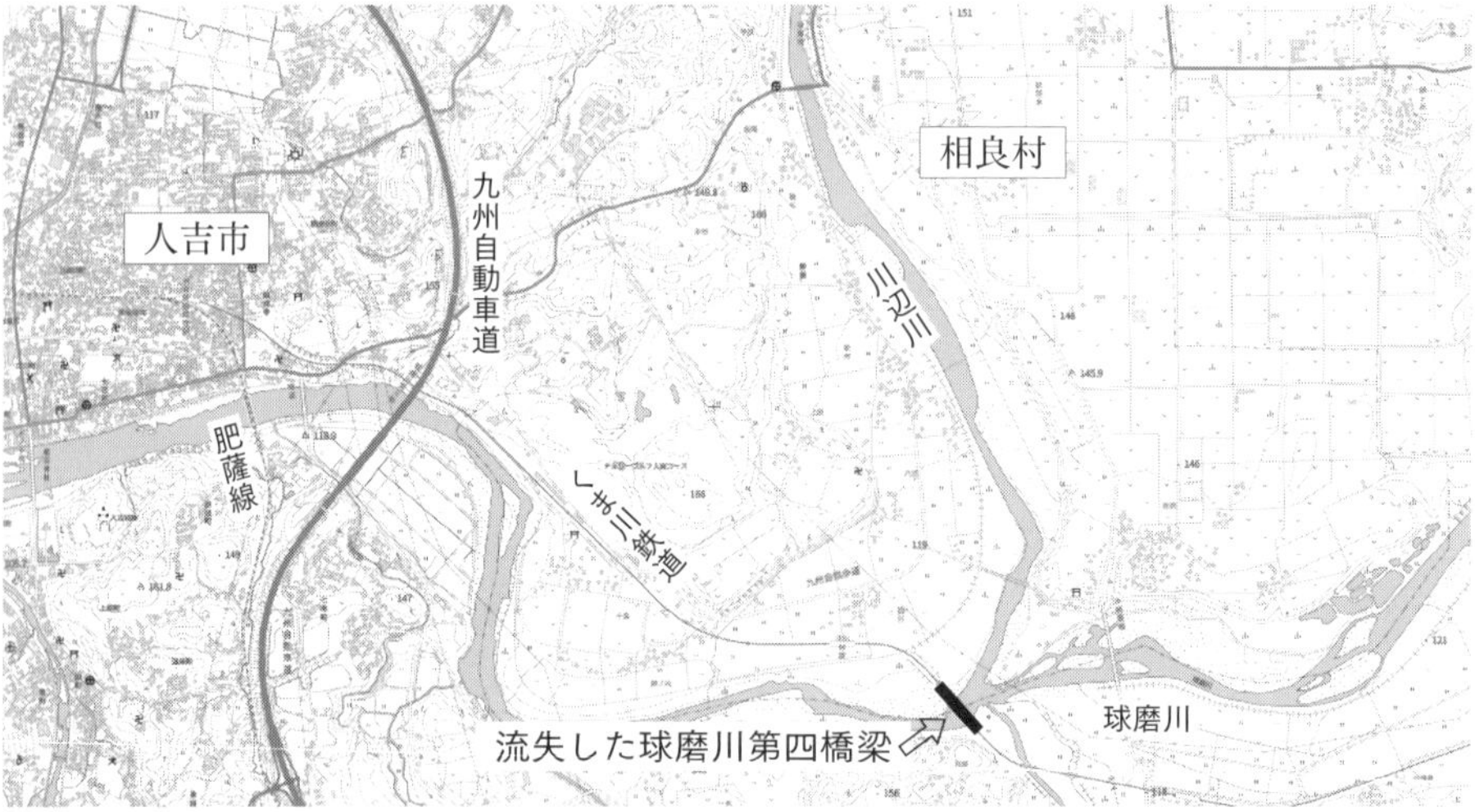

図11　多量のヘドロと流木を持ち込み被害を甚大化させた鉄砲水
出所：国土地理院ウエブデータに加筆

されていました。洪水によってそこから流れ出した丸太が流木となって鉄橋をふさぎ、一時ダム化しました。行き場をなくした水は球磨川・川辺川の両岸へと堤防を越えて越流をし、その結果周りの田んぼや住宅地に水が流れ込み、多量のヘドロと流木を持ち込み被害を甚大化させました。さらに、ここに溜まった水と丸太は、ついには鉄橋を破壊し、膨大な水量が球磨川の本川に流れ出し、鉄砲水となり一気に下流の人吉市街地を襲ったのです。

図12が壊された鉄橋の写真です。鉄橋は水圧に耐えきれず大きな音を立てて崩壊し、一帯に溜まっていた水が急激に引いていった時の音を聞いたという複数の証言があります。そしてここに溜まっていた膨大な量の流木、土石、ヘドロは市街地に一気に流れ込んでいます。図13は人吉市街地のいちばん上流にあるJR第三橋梁という鉄橋です。7時10分頃には鉄橋の下を流れていた水が5分後には鉄橋の上まで一気に増水し、鉄橋から溢れた水は右岸の市街地に鉄砲水となって流れ込み、慌てて逃げたという住民の目撃証言があります。これが人吉市街地の災害を大きくした二つ目の原因です。

図14は人吉市を流れる球磨川の中に、洪水以前から堆積していた土砂の写真です。私たち住人はこの土砂撤去の要望を何度も出しました。10年以上にわたって要望を出し続けていましたが、国はただの一度も要望に沿って土砂の撤去をしたことはなく、結果年々土砂は溜まり続けて洪水が起きやすいこのような状況になっていたのです。このことが、市街地の洪水氾濫をさらに助長したという事実を人吉市民は証言しています。洪水後においても形ばかりの撤去が行なわれたばかりです。土砂の撤去はやり方によっては河川の環境に悪影響を及ぼすものですが、その配慮もなく、また今後の撤去計画についても十分な説明は行なわれていません。

図15は洪水後の市街地の写真です。鉄砲水となった濁流は浅くなった川床の上を、膨大なヘドロと流木

図12　流木によってふさがれその後水圧に耐えきれず崩壊した球磨川第四橋梁
写真提供：朝日新聞社

図13　鉄砲水はJR第三橋梁を越えて下流の人吉市街に一気に流れ込んでいった
撮影：黒田弘行

図14　洪水以前から堆積していた球磨川の土砂
撮影：黒田弘行

を伴い堤防を越え、市街地へと一気に流れ込んできました。ヘドロは上流の市房ダムの湖底からもたらされたものです。ヘドロは洪水後も悪臭を放ち続け、復旧の大きな障害になりました。流木が商店街の2階にまで引っ掛かかっており、流速の速さを示しています。この商店街に住んでいる住民の大半が、避難所へ避難する余裕がなく、やむなく2階、3階へと垂直避難を余儀なくされています。また2階まで押し寄せた濁流から逃げるべく屋根伝いに隣家の3階に避難したという証言もありました。

—3— 私たちの役目は何なのか

市房ダムが緊急放流を午前8時30分にするという通知を球磨郡、人吉市の多くの人が聞いています。避難した屋根の上で聞いた多くの市民が絶望を感じたと証言しています。国や県のダム管理者は、「緊急放流というものは、入ってきた水をそのまま流すだけである。それまでは減水の効果を出している」と言っています。しかし緊急放流とは、洪水調節が不能となり、それからの対処ができなくなるという、いわばお手上げの状態になるということです。そこから先、ダム湖を襲う山津波やダム堰堤を越流した貯留水がダムの護岸を破壊する事態となっても、なんら対策はできないという事態に陥るということです。

被災者が復旧作業をするなかで、蒲島県知事は川辺川ダム建設を7月6日に表明しました。しかし今回の豪雨においてダム予定地上流域の雨量は比較的少なく、川辺川の水位のピーク時間は、人吉市の上流、相良村柳瀬で午前9時30分です。その頃には、すでに人吉市の水は減水しかかっていました。つまり上流にダム建設をしても、今回の洪水に対しては役にたたなかったということです。蒲島知事は流水型ダムを建設して環境と命を守ると表明していますが、流水型ダムが自然環境を悪化させるという見解は、すでに周知のこととなっています。また洪水時にはゲートを閉じて貯留するという発表ですが、貯留を始めたダムに想定外の多量の水が流れ込んだ場合、どう対処するつもりでしょうか。上流の2個のダムがそのような事態になった時には、何万という人吉市民の命は奪われ、町は完全に崩壊します。

小出博や高橋裕は、水害は社会現象であると述べています。私たち流域住民は過去の経験から、その意味を体感的に理解しています。昨年、人吉の市街地を襲った水害はまさに社会現象として発生したと確信しています。気候の温暖化、山林の放置および大規模伐採、劣悪な林道の開発、中小河川をコンクリート造りにしたこと、低湿地の無計画な住宅開発、河川の堆積土砂の放置、連続堤防や樋門の設置、すべて人間が自然に対して行なってきたことです。人吉市民の多くは今回の洪水にあいながらも球磨川を悪く言いません。水のきれいなこの地への愛を感じます。それが救いともなっています。

人吉市民として私たちは訴えたいと思います。災害は人間による利害がらみの野放図な開発が引き起こしています。川には何の責任もありません。コンクリートづけで川を破壊するダム治水を私たち人吉市民は一切望んでいません。流域住民は、自然の営みが豊かな球磨川を守ることが、この地に生きることだという認識があります（図16）。またこの川を未来に手渡すという重要な役目があります。洪水にどのように対処し、清流である川と共に、どのように生きていくかという命題の答えを、川のそばに住む人びとと共に探し続けていくことを共有しつつ。

［参考文献］
小出博編著（１９５４）『日本の水害―天災か人災か』東洋経済新報社
高橋裕（１９７１）『国土の変貌と水害』岩波書店

図15　鉄砲水は流れの悪い川を利用して市街地に莫大なヘドロと流木を伴って一気に入り込んだ　撮影:黒田弘行

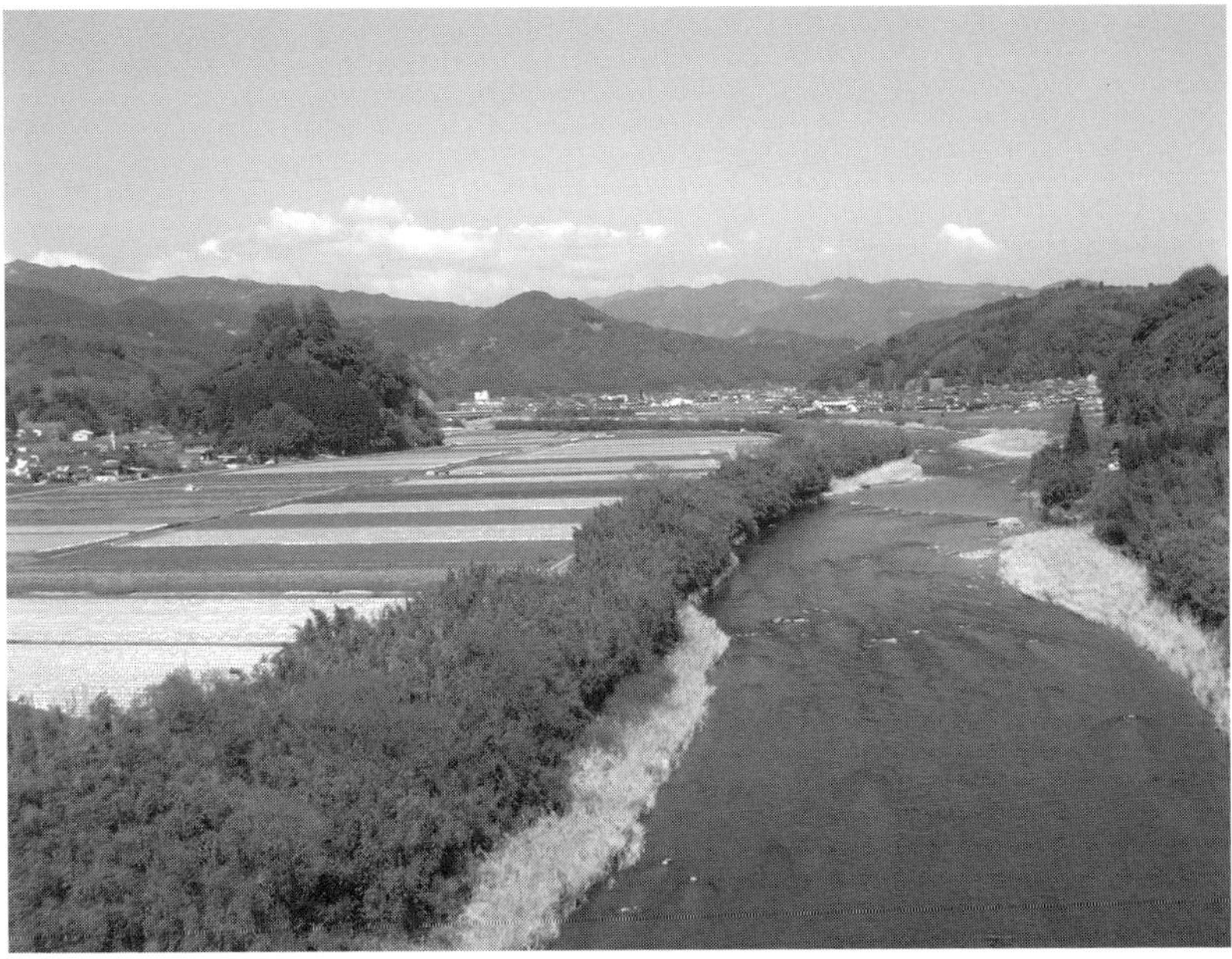

図16　河辺の水害防備林に守られる美しい川辺川
撮影：黒田弘行（2004年3月）

球磨川宣言――私たちは被災してもなお川と共に生きる

1. 球磨川は大地を形成し生態系を育む流域社会の宝であり、流域住民の暮らしはその恩恵の中にある。宝のまま将来世代に手渡すことが、いまを生きる私たちの責務である。

2. 自然豊かな球磨川は、長らく流域の暮らしを成り立たせてきた。川の豊かさは流域の山林の健やかさによって育まれてきたことから、私たちは山の健全性を求める。

3. 生態系の重要な構成要素である川は、流れ溢れる存在である。恵みを享受し減災しうる川との付き合い方を知るには、長く流域に住み続けてきた流域住民の知恵に学ぶ必要がある。

4. 日本は洪水を敵視し川の中に押し込めて早く流す基本高水治水政策をとってきた。それを現実化させる技術が連続堤防とダムだ。しかしこれらは川と流域社会を破壊する技術でもあることを、球磨川豪雨災害はこの上なく示した。

5. 基本高水治水は温暖化に伴う集中豪雨に機能不全であるばかりでなく、災害の激化に帰結した。ダムや水路や樋門は、緊急放流や急激な水位上昇、激甚な流れを促し、生命を脅かした。

6. 狭窄部や街中の支流や樋門付近の土石や流木の混じる濁流は、激甚な洪水を発生させた。生命を守る上で最も留意すべきは洪水のピーク流量ではなく、早い段階で生命が危機に晒される洪水が発生することだと、球磨川流域で私たちは確認した。

7. 温暖化に伴う集中豪雨は、山河を破壊し膨大な土石と流木を伴って、著しい破壊力を持つ洪水を流域のほぼ全支流で発生させた。そして流域各地で甚大な災害を発生させている。

8. いま国が進める流域治水の内実は私たちの考えとは異なる。私たちが求めるのは、川を育む森林と山地の保全、多様な主体を含む住民参加が担保された流域全体の豪雨対策であり、これを実現させる法の整備である。

9. 流域住民は長い歴史の中で、球磨川と共に生きる知恵を築き上げてきた。私たちは流域のこうした文化を、球磨川の豊かさと共に私たちの孫子に伝えていく。

10. 私たちはここで被災したが、これからも球磨川と共に生き続ける。川を壊す技術ではなく、土地の成り立ちを踏まえ、省庁の縦割りに疑問を呈し、住民参加に基づく意思決定の上で、自然豊かな川を実現するまちづくりや人間社会のあり方を求め続けることをここに宣言する。

第3章

球磨川の水害と流域治水

島谷幸宏

第2回流域治水シンポジウムでの講演をお引き受けするにあたって、また、講演の書籍化をお引き受けするにあたって、いろいろと悩みましたので最初に私の考えを述べさせて頂きます。流域治水は流域全体で行なう治水であり、すなわち国土のあり方を根本的に問い直す取り組みであると思っております。このことは非常に重要で、これから先、日本の国土が自然の仕組みをベースに持続的な国土を形成できるかどうかの一つの試金石あるいはその道のりにおいて重要な役割を果たすのが流域治水だろうと思っています。ですから、ダムを反対するための流域治水、あるいはダムを推進するための流域治水であってはならないと考えています。持続可能な豊かな国土形成の道のりとしての流域治水となってほしいと切に願っています。そのため、この依頼をお引き受けしました。

—1— 2020年7月球磨川豪雨と被害の状況

私は2020年（令和2年）の球磨川の水害の後、熊本県知事宛に、流域治水という新しい考え方について提言をさせて頂き、その経緯もあって、2021年の春からは熊本県立大学の方に移り、「緑の流域治水研究室」を立ち上げ、研究あるいは実践するという役割を担いまして、そこの特別教授をさせて頂いております。

まずは今回の水害について簡単に振り返ってみたいと思います。2020年（令和2年）の7月3日から4日にかけて非常に大きな雨が球磨川流域で降りました（口絵❷「令和2年7月豪雨の概要（気象概要）」）。いわゆる線状降水帯と呼ばれる、線状に伸びるような降水帯が停滞して非常に大きな雨になりました。

国土交通省が委員会で使っている資料（口絵❸「令和2年7月豪雨の概要（観測雨量）」）によると、たとえば

市町村別犠牲者数

	全体	うち 球磨川流域
球磨村	25	25
人吉市	20	20
芦北町	11	1
八代市	4	4
津奈木町	3	0
山鹿町	2	0
合計	65	50

※犠牲者数については熊本県災害本部会議資料（熊本県警察本部提供資料）を基に記載。
※球磨川流域の犠牲者数については、熊本県災害本部会議資料（熊本県警察本部提供資料）の「住所」と「要因」等から推測。

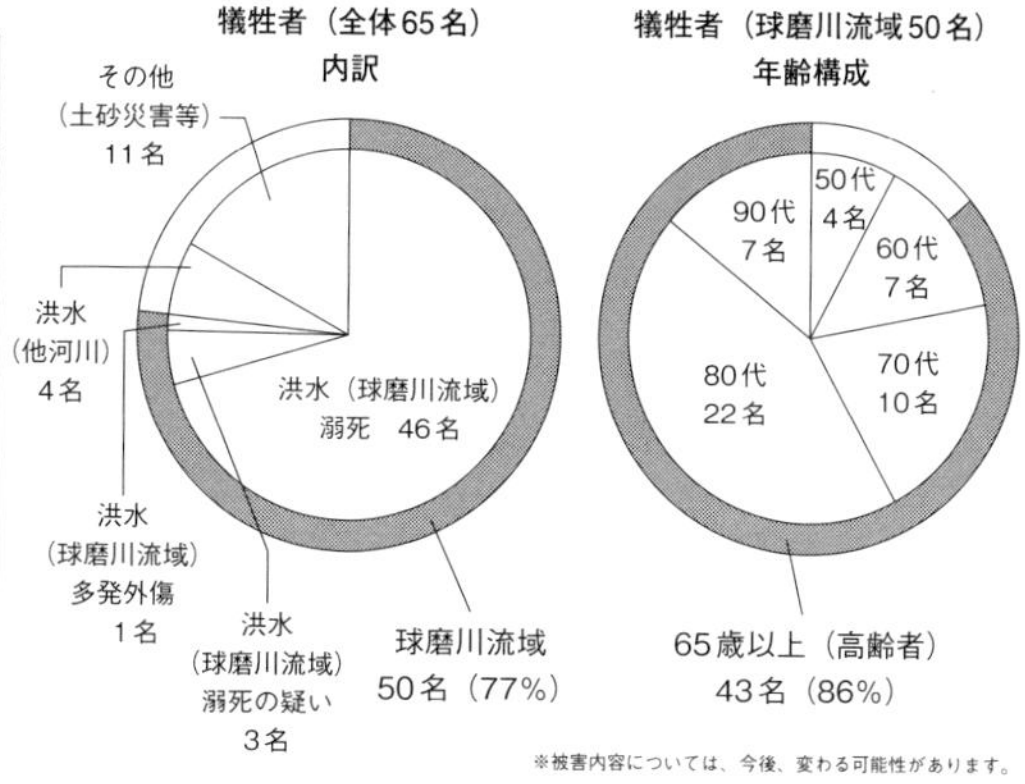

※被害内容については、今後、変わる可能性があります。

図1　令和2年7月豪雨の概要（人的被害の状況（犠牲者の年齢構成等））
出所：国土交通省九州地方整備局・熊本県「第1回
令和2年7月球磨川豪雨検証委員会説明資料」より

球磨村の神瀬《こうのせ》では、6時間雨量あるいは12時間雨量で今までに降った雨に比べて数倍という非常に大きな雨が降りました。一方、川辺川の上流にあたる五木村の久連子《くれこ》では今までに降ったような雨と同等ぐらいの非常に大きな雨が降りました。このように、場所によって若干違いますが、流域全体で非常に大きな降雨を記録しました。

その結果、流域全体で氾濫が発生しました（口絵❹「令和2年7月豪雨の概要（被害状況等）」）。特に球磨川と川辺川が合流する下流の人吉市、盆地下流の渓谷沿いの低地のほとんどが水没するような非常に甚大な災害となりました。一方、人吉盆地の中、特に錦町やあさぎり町の中小河川の氾濫というのはそれほど顕著ではなく、その対比は驚くべきものがありました。流域全体で約6000戸が浸水被害を受け、しかも橋が17橋も流されるという甚大な災害がでました。

人的被害の状況をみますと、亡くなった方が球磨川流域で50名、特に溺死が多いという特徴があります（図1。詳細については第1章および第2章参照）。

―2― 流域全体で治水をやらなくてはならない根拠

図2は球磨川の盆地の中の状況を示したものです。上流に市房ダムがあり、球磨川の本流が人吉盆地の中をずっと流れてきて、川辺川が合流しますが、その下流にあるのが人吉市です。人吉盆地の端から山間渓谷部に入っていくということになります。二重丸が基準点（人吉地点）で、四角（実線）で囲んであるのが支流の計画流量になります。

実は河川の治水計画というのは、それぞれの支流の計画と本流の計画が別々に立てられているのです。支流の計画流量を全部足してみますと、川辺川が球磨川と合流する地点で９９２０㎥／ｓ（＝１１００㎥／ｓ（球磨川）＋１８００㎥／ｓ（右岸）＋３１２０㎥／ｓ（左岸）＋３９００㎥／ｓ（川辺川））になります。ここでは便宜上、計画流量と言いましたが、正確には県がハザードマップを検討する時に用いた流量で、支流の計画規模は川辺川が80年に1回、万江川が50年に1回、それ以外の支流は30年に1回の規模（確率）として求められた流量です。一方、本流である球磨川の人吉地点の基本高水流量、すなわち治水計画上の最大流量は７０００㎥／ｓということになっています。実は、先ほどあげた９９２０㎥／ｓとこの７０００㎥／ｓの差にあたる２９２０㎥／ｓの水は、それぞれの支流のピークがずれることによって少なくなるというのが支流の治水計画の前提になっているのです。

それぞれの支流の治水計画は、先に述べた確率の豪雨に対応した洪水に耐えうるように計画されるわけですが、それらを足すと、実は人吉地点の基本高水流量よりも大きな流量になる。逆に言うと、中小河川は四角書きで示した流量を目標に整備が行なわれている。ですから流域にもし同時に一気に雨が降ると

1000㎥／sくらいの水が流れてくる可能性があるということになるわけです。

それでは昨年の洪水がどうだったかをみたのが図3になります。すべては推定流量として示されている値でまだ確定した流量ではありません（数字が2つ並んでいる場合は上が推定流量で下が計画流量）。川辺川からが3404㎥／s、いちばん上流の球磨川から流れてくる量は市房ダムで調節されたのちの流量（放流量）で、それが602㎥／sです。計画流量は1100㎥／s、推定流量（太字）が1154㎥／sですから、今回は上流に降った雨の量が多かったということがわかります。計画流量よりもたくさん水が流れた川については四角囲みを太線で示しています。これをみますと、支流でも結構大きな量が流れている。そして四角囲みを太い点線で示した箇所が、計画と大体同じぐらい流れた所です。

今回、人吉地点の上流に流れた流量を足してみると約7690㎥／s（＝3404㎥／s（川辺川）＋1242㎥／s（右岸）＋602㎥／s（球磨川）＋2444㎥／s（左岸））ということで、他方、人吉地点で今回推定された流量が7400㎥／sですから、わずか290㎥／sしかずれてないということになります。このことから、これまで中小河川の流れと本流のピークというのは必ずしも重ならない、いろいろな川があるのでピークがずれるだろう、というふうに想定されていたのが、どうも国土の開発だとか、線状降水帯などで同じような雨が一気に降ることによって、ピークがずれてこないという現象が起きているということがわかります。これはどういうことかというと、それぞれの川の流量がずれるというのを前提に改修を進めると、その結果、本流に水が一気に流れてくることがあるということを示しているわけですね。このことは、流域全体で治水をやらないといけないということの、一つの論証になっているわけです。

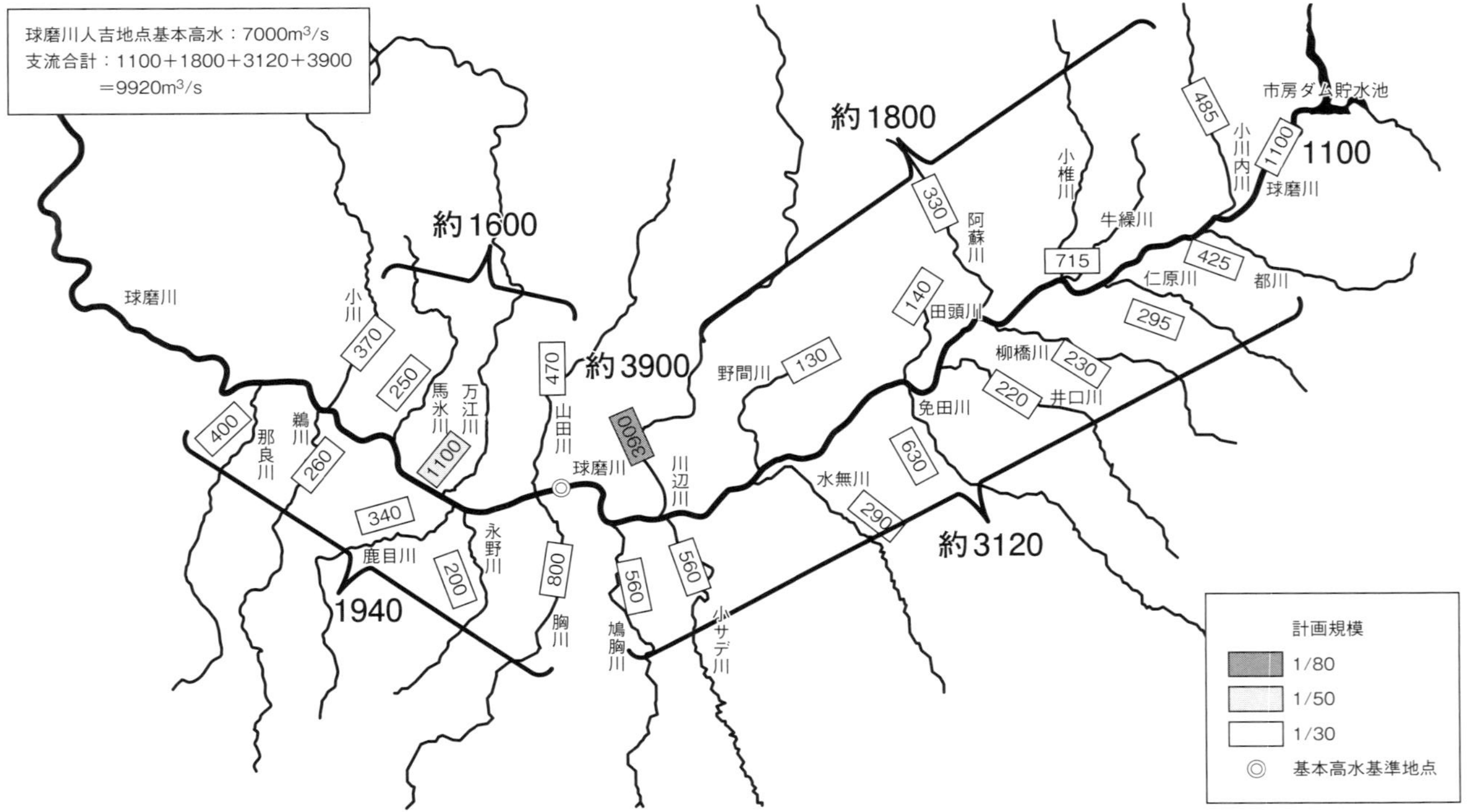

図2　球磨川支流も含めた計画流量

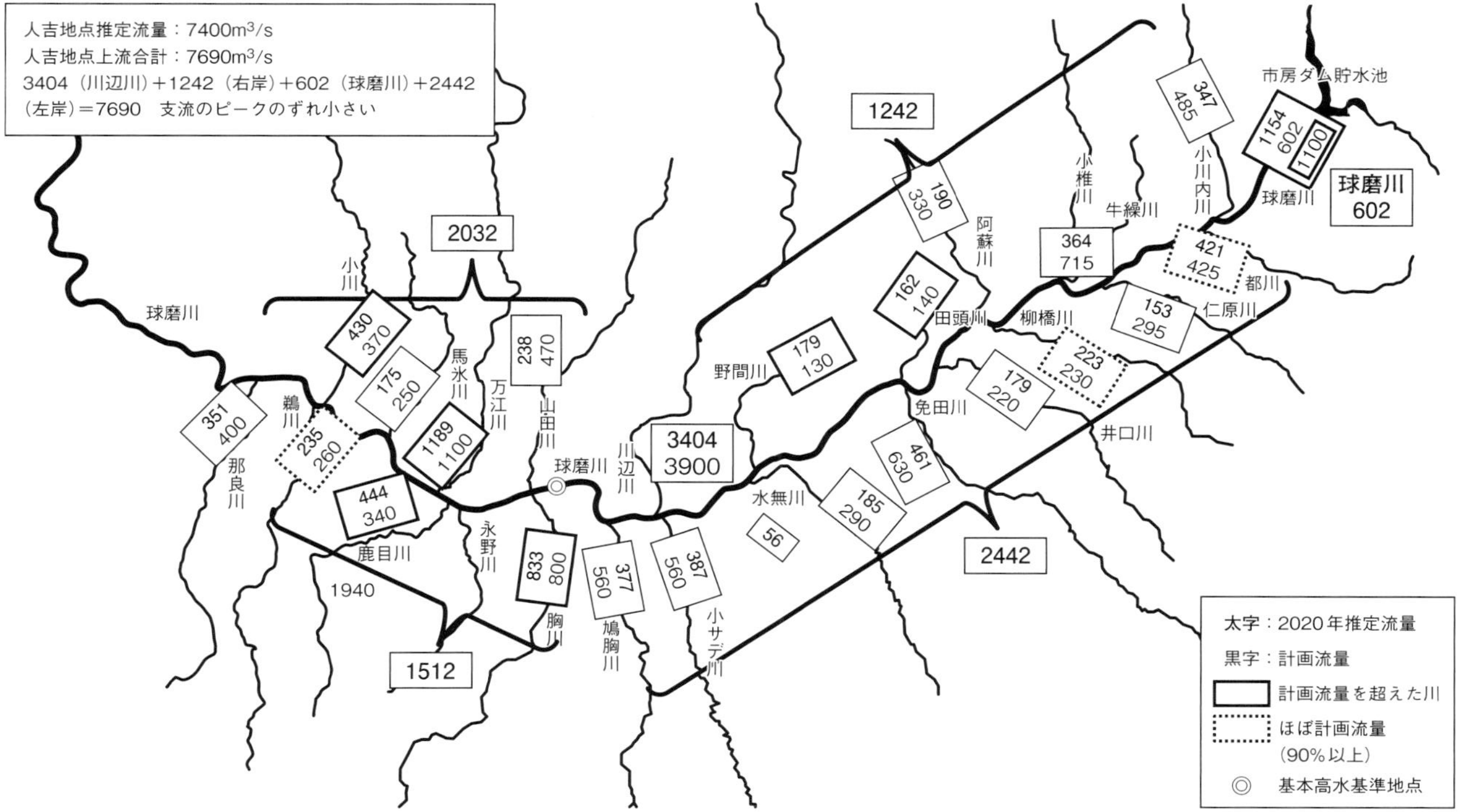
人吉地点推定流量：7400m3/s
人吉地点上流合計：7690m3/s
3404（川辺川）＋1242（右岸）＋602（球磨川）＋2442（左岸）＝7690　支流のピークのずれ小さい
球磨川
小川
2032
430 370
175 250
馬氷川
万江川
238 470
山田川
351 400
那良川
鵜川
235 260
1189 1100
444 340
鹿目川
1940
1512
永野川
833 800
胸川
球磨川
川辺川
3404 3900
377 560
鳩胸川
387 560
小サデ川
水無川
56
185 290
461 630
2442
野間川
179 130
免田川
179 220
井口川
162 140
田頭川
1242
190 330
阿蘇川
223 230
柳橋川
153 295
仁原川
364 715
小椎川
牛繰川
421 425
都川
347 485
小川内川
1154 602 1100
市房ダム貯水池
球磨川
球磨川 602
太字：2020年推定流量
黒字：計画流量
計画流量を超えた川
ほぼ計画流量（90％以上）
基本高水基準地点

図3　令和2年豪雨推定流量

—3— 流域治水とは何か

次に流域治水というのはどういうものかということについてお話ししたいと思いますが、まずは流域と治水について考えてみたいと思います。

流域というのは、河川工学の専門用語で集水域のことです。山の尾根で囲まれた水を集める領域のことを集水域と呼びますが、それを河川工学では流域といいます。一方、氾濫域という言葉があります。氾濫域とは河川が氾濫した場合に浸水する地域のことです。実は集水域と氾濫域は必ずしも一緒ではありません。たとえば東京都であれば、江東区は荒川の下流にありますが、江東区に降る水は荒川に直接入らない。ですから江東区は荒川の集水域ではありませんが、その荒川から氾濫する可能性がある氾濫域ではある。ですので、流域という概念をこれまでよりもう少し広げて、集水域あるいは氾濫域も含めて治水をやるという意味で流域という言葉を使い流域治水といっています。

もう一つ、治水という言葉についてです。狭義の治水は、洪水防御としての治水を意味します。今の河川法では、河川を管理する目的のなかに治水、利水、環境があるというふうに書いてありますが、実は江戸時代ぐらいまでの治水は、治水も利水も一体的に、地域がどういうふうなかたちで水に対して良くなるか、いわゆる水を治めることが治水として考えられてきたわけです。

それが明治以降の近代化によって機能が分かれていきます。治水の機能、利水の機能、環境の機能とそれぞれの役割に対応して役所とか管理の主体も分かれてきます。しかし本来、治水というのは水を治める、すなわち治水・利水・環境が一体のものだというふうにも考えられるわけです。

図4　樋井川流域治水市民会議におけるワークショップの様子
写真提供：樋井川流域治水市民会議

ですから私自身は、流域全体を対象に水を治めるというような概念、すなわち、洪水を防ぐと同時に地域がその水を活用しながら発展するということも含んだ流域治水が重要だろうというふうに思っています。

—4— 流域治水の歴史

少し流域治水の歴史をみていきます。

2010年（平成22年）に福岡市内で水害が起こりました。ヤフオクドーム（今はペイペイドーム）のすぐ側を流れる樋井川が氾濫したため、すぐに、学者仲間や市民に呼びかけ、福岡市内の中小河川である樋井川を対象に、樋井川流域治水市民会議を開きました。福岡大学に集まって、地域の人も一緒にいろいろ議論をし、いろいろ提言をするなかで、樋井川の計画を立てていきました（図4）。こうして、2014年（平成26年）につくられたのが、「2014樋井川河川整備基本方針・整備計画（整備計画）」です。その概要を図5に示しましたが、現在の計画（整備計画）が40年に1回の洪水に対して田島橋地点の河道分配流量が229㎥／sの洪水が流れる計画としているのに対して、将来の基本方針では70年に1回という大きな雨を対象にしているけれども、川に流れてくる量は220㎥／sとなり、洪水調節施設や流域対策によって河道分配流量を今よりも減らすという、日本で初めての、川に流れてくる水の量が減るような流域治水を計画論に入れ込んだ、画期的な計画です。

私たちは2010年（平成22年）、「樋井川流域治水に関する市民提言」というものもつくりました。この提言では「流域治水は、流域全体で取り組む治水のことです。河道改修と下水道整備だけにとどまらず、流域全体で、雨水の貯留・遊水・浸透などの流出抑制を図り、かつソフトな防災対策を含んだ総合的な取り組みです」といっています。また、「流域治水では洪水抑制に加え、氾濫をある程度許容する一方で、被害を最小限にするあらゆる対策を講じます」としています。しかも、「環境・景観・教育・福祉へとつなげ、地域づくりに寄与する広い概念として」流域治水という用語を用いているのです。このような市民宣言を大学関係者と市民が一緒になってつくり、福岡県知事、福岡市長に提言書を送りました。日本で流域治水に関する市民提言の最初のものということがいえます。

ちょうどその同時期、滋賀県では行政が中心になって流域治水の基本方針の案が定められました。これは当時の嘉田由紀子知事を中心にして、非常に画期的な行政施策として日本で初めてのものです。

その内容ですが、「人命が失われることを避け、生活再建が困難となる被害を避けることを目的」として、川の中の対策に加えて川の外の対策を総合的に進めていくとした画期的な方策になりました。しかしながら一方で、行政が治水対策に対して立てた政策ということもあって環境面とか地域づくりに対する言及は若干弱いという特徴があります（滋賀県の流域治水推進条例については第4章も参照）。

国土交通省は2020年（令和2年）に河川、下水道等の管理者が主体となって行なう従来の治水対策に加えて、集水域と河川区域のみならず、氾濫域も含めて一つの領域として捉え、その河川の流域全体の

	基準地点	調整しないピーク流量（m^3/s）	洪水調節流量（m^3/s）	流域対策による流出抑制（m^3/s）	河道への分配量（m^3/s）
整備計画（1/40）	田島橋	245	7	9	229
基本方針（1/70）	田島橋	270	50	25	220

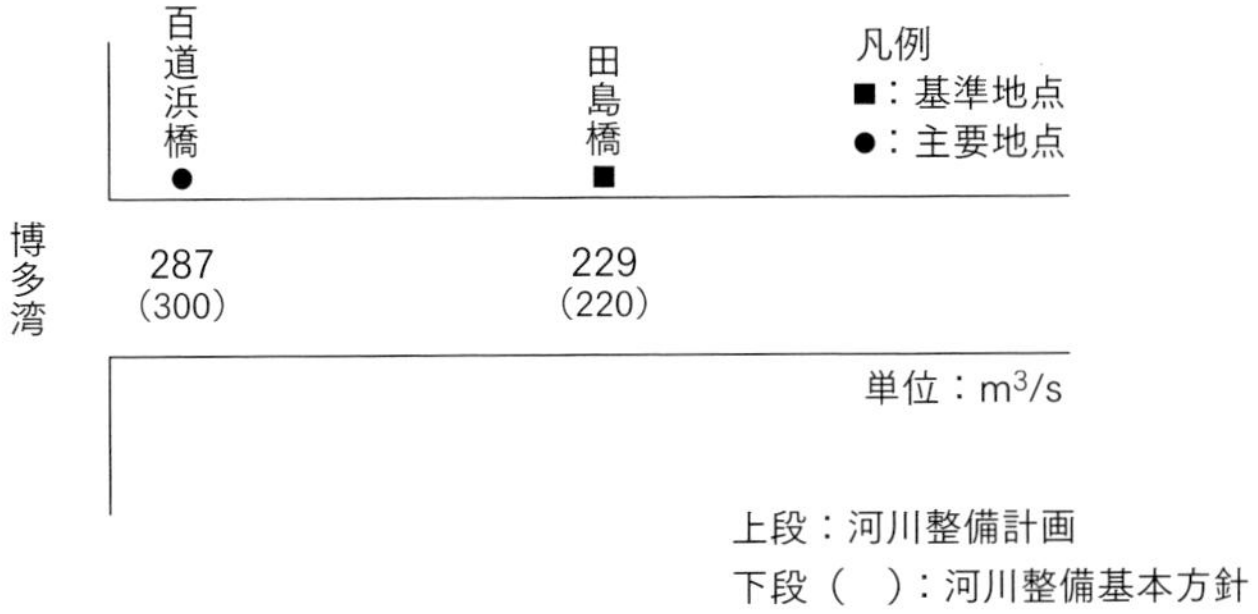

図5　2014樋井川河川整備基本方針・整備計画による流量分担

＊河川整備基本方針で想定されている田島橋より上流の洪水調節施設を、本河川整備計画では対象としていないため、田島橋基準地点では、河川整備基本方針の目標流量よりも大きくなっている

あらゆる関係者がさらに協働して流域全体で被害を軽減させるという治水対策を提案しました。これが今、国交省が進めている流域治水ということになります。そこでは「河川改修等の加速化に加え、流域のあらゆる既存施設を活用し、リスクの低いエリアへの誘導や住まい方の工夫も含め、流域のあらゆる関係者との協働により、流域全体で総合的かつ多層的な対策を実施する」としています。流域全体のあらゆる関係者が協働するとうたったということがやはり大きな特徴であり、流域全体で水害を軽減させるという大きな政策転換が行なわれました。しかしながら国土交通省の対策には、環境とか地域づくりへの言及が弱いという特徴があります。

国土交通省は、それまで行なっていた総合治水対策と流域治水の違いについて、「都市部のみならず全国の河川に対象を拡大し」ということで、都市化に対応する治水が総合治水であり、それを全国の河川に拡大するのが流域治水であるとしています。

熊本県は、昨年球磨川が氾濫した後、流域全体での総合力による流域治水プラス環境への影響の最小化のベストミックスということで、「流域治水」に「緑」を加えて、環境あるいは地域の生活再建等も含めたかたちの、総合的な政策として「緑の流域治水」という施策を打ち出しました。

以上みたように、流域治水というのは流域全体、すなわち流域および氾濫域での総合的な対策によって洪水を防ごうという取り組みであるわけですが、それに加えて、治水対策をやることによって地域が持続的に発展し豊かな環境が創造できるという熊本県の「緑の流域治水」のような概念にすることが、流域治水には本来望まれます。わざわざ熊本県が「緑の」というのをつけなくてもいいような流域治水になって欲しいと私自身は考えているところです。

5　イギリスのナチュラル・フラッド・マネージメント

一方、海外をみてみると、最近進んでいるのがイギリスのナチュラル・フラッド・マネージメント（Natural flood management）という考え方です。世界では、ネイチャー・ベースド・ソリューション（Nature based solution）、すなわち自然に基づいた解決策というのが、この気候変動の時代において注目を浴びていて、ナチュラル・フラッド・マネージメントもその一つです。イギリスのナチュラル・フラッド・マネージメントは日本の流域治水に非常に似ていますが、現場での実装が進み、メニューも多様であることから、日本よりさらに進んでいる取り組みであると考えられます。

ナチュラル・フラッド・マネージメントでは、土地と水を管理するうえで、集水域をベースとしたアプローチへの移行が強くうたわれています。自然のプロセスをベースにしながら、それを強化するという概念が重要で、さまざまな取り組みが行なわれています。

ナチュラル・フラッド・マネージメントのポイントを示したのが表1です。これ流域治水と非常に似ていますが、四つの方法をあげています。ゆっくりと水を流す（Slowing water）、水を溜める（Storing water）、土の中への浸透能を増加する（Increasing soil infiltration）、緑を増やしながら雨水を植物で受け止め、空中への蒸散を増やしていく（Intercepting rainfall）――このような四つの方策を組み合わせながらやることが重要とうたっています。

図6がナチュラル・フラッド・マネージメントの概念図です。いちばん上をみますと、Leaky barriers（図中❽）とありますが、これは、水が漏れるような、砂防ダムみたいなものを造りながら渓流でもゆっく

表1　イギリスのナチュラル・フラッド・マネージメントのポイント

1	**水の流速を遅くすること（Slowing water）** 水の流れに対する抵抗を増やすことでその流速を遅くする（具体例：生け垣や樹木を植える、湿原の排水溝のせき止め、流倒木による堰の設置、緑の緩衝帯の創出
2	**水を貯めること（Sroring wate）** 堤防、池、溝、湿地、または氾濫原に貯水容量を確保、維持し水を貯める。降雨時に水が満たされ、12 ～ 24 時間かけてゆっくりと空になるようにする
3	**土壌浸透の増加（Increasing soil infiltration）** 土壌構造を改善すると、水が吸収される深さが増し、土壌に貯蔵できる水の量が大幅に増加する。これにより、飽和の可能性が低くなり、表面流出が減少する可能性がある
4	**降雨の遮断（Intercepting rainfall）** 植生、特に木の葉は降雨を遮断し、地面に到達しないようにしている。葉から水が蒸発し､洪水の量を減少させる。樹木は、針葉樹の場合は 25 ～ 45%、広葉樹の場合は 10 ～ 25%、地面に到達する水の量を減らすことができる

出所：Scottish Environment Protect Agency, Natural Flood Management Handbook, https://www.sepa.org.uk/media/163560/sepa-natural-flood-management-handbook1.pdf.

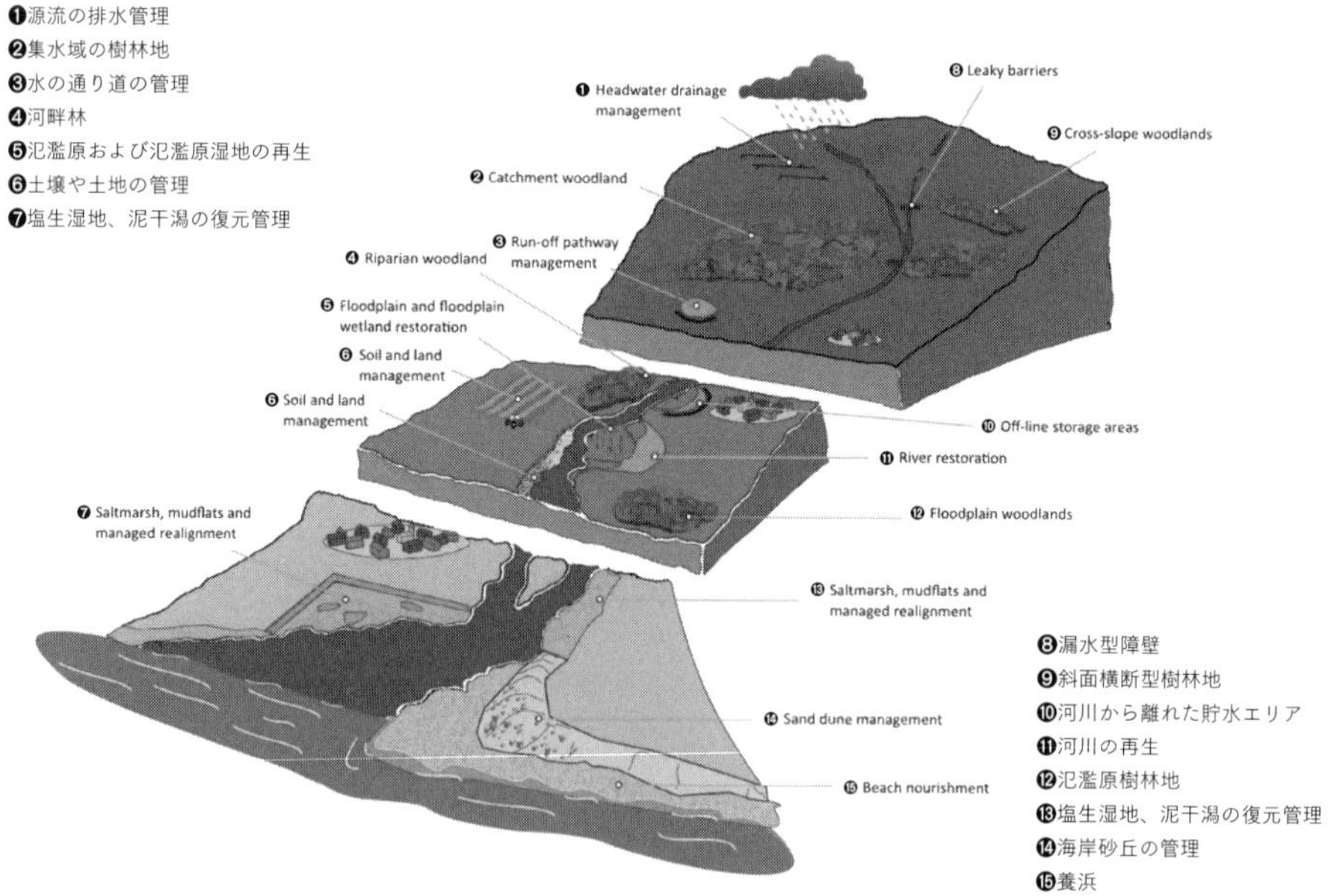

図6　ナチュラル・フラッド・マネージメントの概念図
出所：表1と同

り水を流す手法です。また、山の斜面にHeadwater drainage management（図中❶）と書いてありますが、こちらは、湿原の排水溝をせき止めたり、ピートを修復したりすることです。River restoration（図中⓫）という、川の再生を実施することで川の水をゆっくり流すという手法もあります。ナチュラル・フラッド・マネージメントではこのような概念で洪水を防御しています。今、イギリスが世界で最先端をいっていると私は考えています。

—6— 流域治水はなぜ必要なのか

ここで、流域治水はなぜ必要なのか、そのことについてまとめてみます（図7）。

気候変動によって洪水流量が増大する。一方で、国土の改変によっても洪水流量は増大している。昔はゆっくり水が流れていたので支流から流れてくる水のピークはずれていたのだけれども、それがどうも水が速く流れてくることによって、皆一緒に流れてくるようになっている。気候変動プラス国土の改変によって流量が増大し、ダムとか堤防だけでは守れないということが発生している。

一方、東日本大震災以降の災害復興をみていると、防災の視点が強調されすぎていて、地域の自然が防災によってかえって損なわれるということが起こっている。それが地域の持続的発展を阻害している。そこで私は、流域治水というのは、伝統知とか自然再生とか、そういう魅力的なものも入れながら、流域全体で洪水に対処するということであり、これはまさしく国土のあり方を再生するということと非常に近いと考えているのです。

国土の改変という点では、都市化の影響に注目しておく必要があります。図8は都市化が起こった時に、洪水流出がどういう変化を示すかというのを表現した図ですが、ちょうど20世紀の末頃に世界中で研究された成果です。

細い実線が都市化が起こる前の状況です。都市化が行なわれても流れが速くならなかった場合、浸透する量や表面にたまる量が減った場合には、太い実線のようになるのです。しかし実際の洪水は、太い点線のようなラインになります。洪水が到達する時間も短くなり、単に水が損失しなくなっただけではなく、水が速く流れ集中することによって流量が増えるという現象が起こります。図中の①をボリューム・エフェクト（volume effect）、②をタイミング・エフェクト（timing effect）と呼びますが、世界中で水の流れを遅くすることが洪水を減らすことだと言われているのは、タイミング・エフェクトの対策が重要だからです。

都市では、都市化によって洪水流出量が数倍になるという現象が明らかになっています。球磨川のような大河川でこういう現象が起きているかどうかについてはまだ明瞭な研究は出ておりませんが、最近の洪水を見ていると、大河川でも水が速く流れ、支流からの水が集中することによって、本流のピーク流量が増えているのだろうと考えています。

従来の治水は、流域は固定されていて、これ自体は既知（与件）のものであって、これを変えるという概念（発想）はありません。本流に集まった雨水をハード技術のダムとか遊水地とか河川改修によって処理していくという手法を中心にした治水方式です。計画に用いるデータも、本流と主要支流の数点の水位に基づいて、上流の状況を推定しながら、集まった水をどうするかという対策です（図9）。

流域治水というのは、流域からの流出抑制をめざします。住宅とか畑とか水田とか公園とか、こういう流域のそれぞれの空間からの流出を抑制し、しかも環境の視点を加えながら、自然の水循環の機能を再生

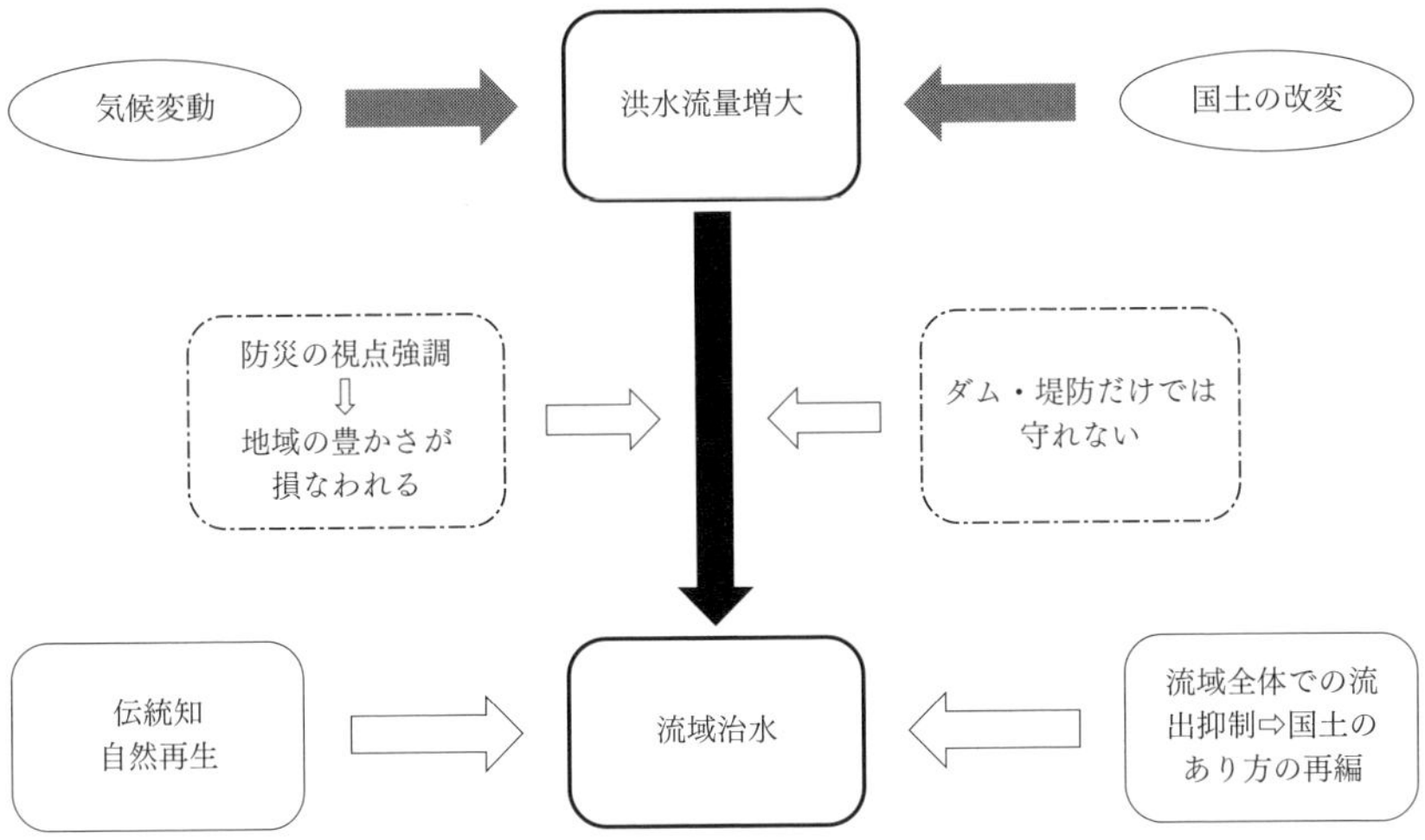

図7　流域治水の背景とその考え方

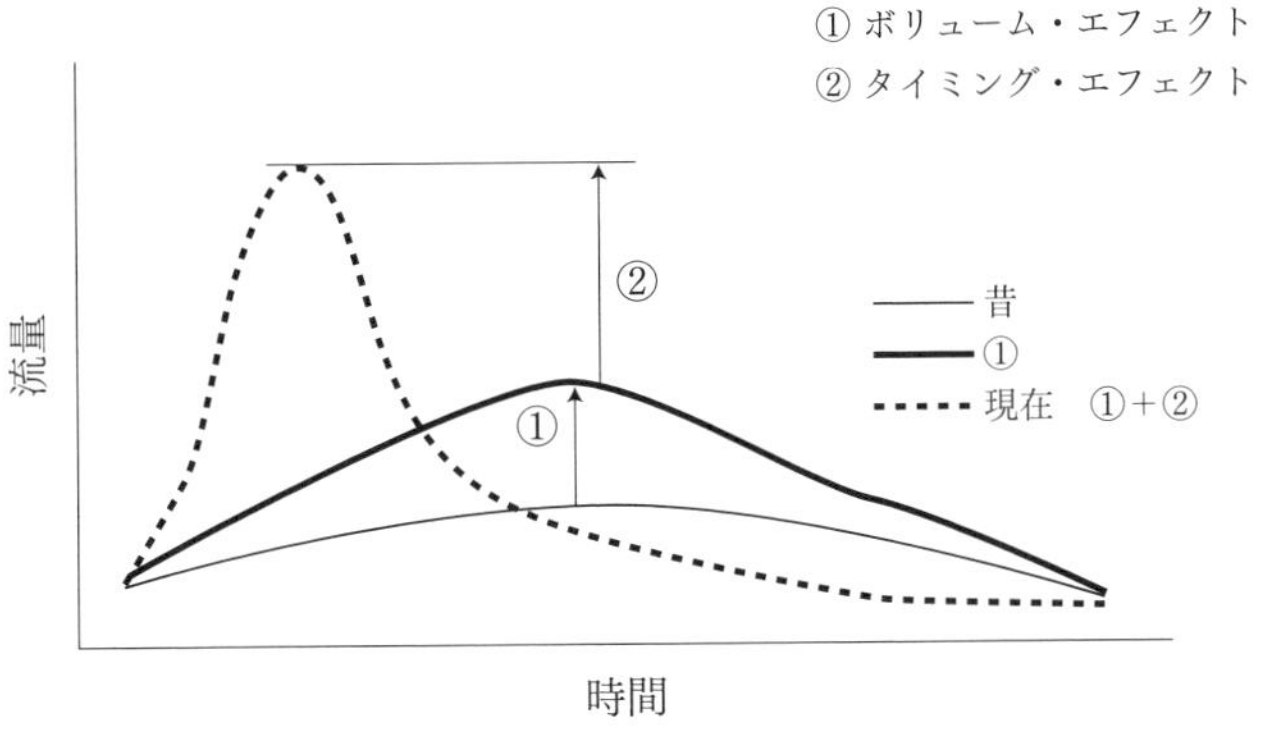

図8　都市化による流出変化
出所：Stuart G. Walesh (1989) URBAN SURFACE WATER MANAGEMENTに加筆

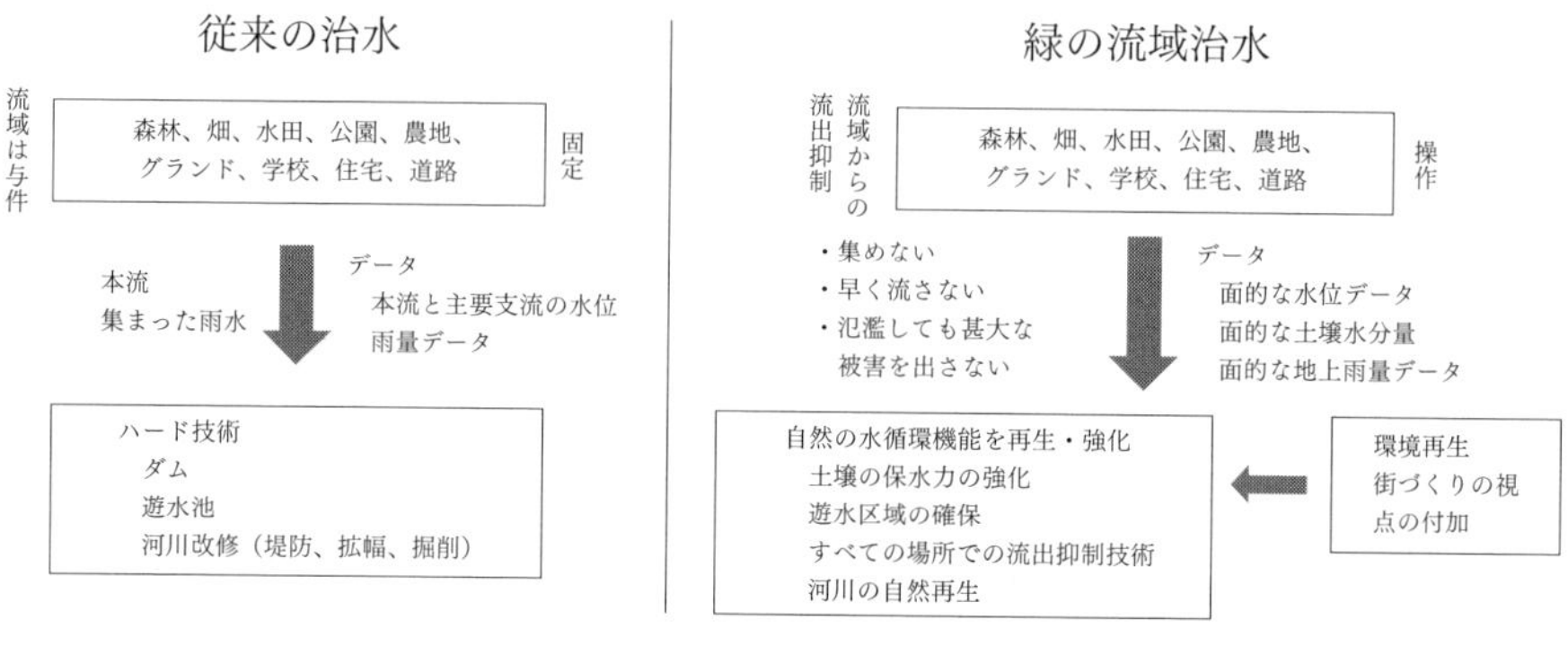

図9　従来の治水と緑の流域治水の比較

強化するという概念になります。したがって、流域のそれぞれの場所が洪水対策の対象となります。水を集めない、水を速く流さない、氾濫しても甚大な被害を出さない——そういう手法になります。すべての空間を対象としますから、データとしては、面的なデータが今後必要になってきます。今は、IoTのようなものが発展していますので、面的なデータをとりながら、環境と治水を流域全体で統合させながら、それぞれの土地のあり方を模索することが、今後重要だろうと考えています。

—7— 流域治水のためのハード手法の考え方

流域治水のための手法にどういうものがあるのかを整理してみました（図10）。

一つは流出を抑制する技術です。流出を抑制する技術は、流れをゆっくりさせ、貯留し、浸透させ、蒸発散を増やすという、イギリスでやっていた方法（ナチュラル・フラッド・マネージメント）になります。

降った雨の流出量を減らすために、土の表面の貯留、土の中

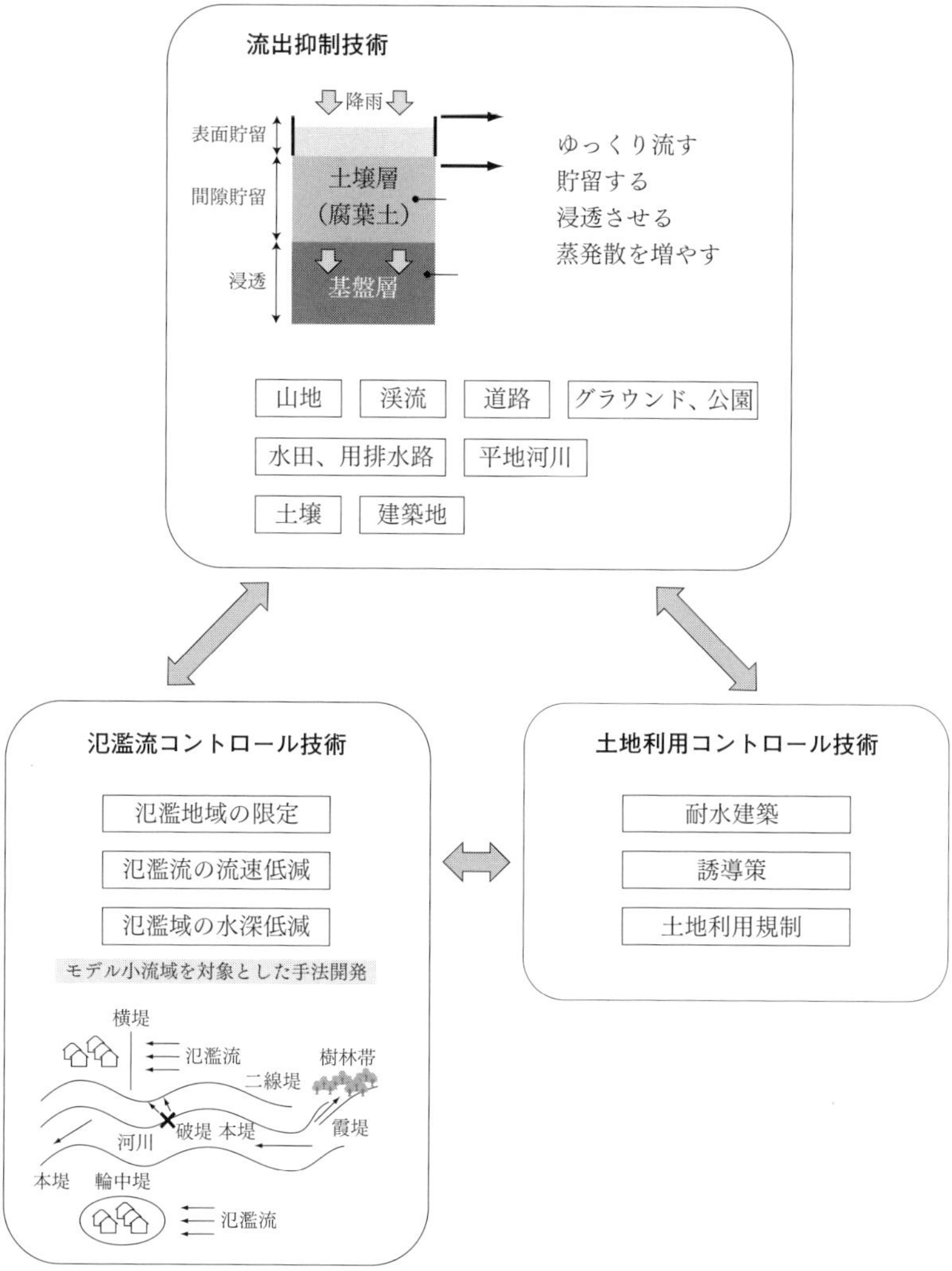

図10　流域治水のハード手法

の貯留、土の下方向への浸透を利用します。現在、遊水地が流域治水のメニューとして取り上げられていますが、遊水地は、表面に貯める技術になります。遊水地でも、土の中の貯留や下方向への浸透を考えてもいいのです。実は土の中に溜まる水の量というのは結構大きな量になります。1時間雨量100㎜というのは皆さんよくお聞きになると思いますが、100㎜というのは高さの次元をもっていて、1時間に10㎝です。10㎝の高さの水が降るということです。自分の家に10㎝の水が降っても水害にはなりませんが、それが10軒分集まると1mになって洪水になるわけですね。

10㎝ぐらいの水は土を柔らかくしておけば容易に染み込むことができます。しかもそこから下に浸透します。実はこの表面に貯留する、間隙に貯留する、浸透する、こういう技術を組み合わせて流出の抑制技術というのは成り立つわけです。

それから氾濫流のコントロール技術も重要な技術になります。1回洪水が川から溢れた時に、家の周りにちょっとした堤防(輪中堤)、横堤と私たちは呼んでいますが、道路をほんのちょっと嵩上げするだけで氾濫流はコントロールできます。本流が破堤した時も、二線堤と呼ばれる小さな堤防があるだけで氾濫が抑制されたりします。また樹林帯(水害防備林)があるだけで、氾濫流が遅くなったり、流木を止めたりして被害を軽減します。氾濫した時に氾濫域を限定し、氾濫した時の流れを遅くし、水深を低減するという技術が氾濫流のコントロール技術ということになります。

それともう一つの技術が、土地利用のコントロールなどのソフト技術になります。建築を耐水化したり、なるべく危ない土地に住まないような誘導策をとったり、土地利用規制をしたりという技術があります。

こういう技術を組み合わせながら流域治水は展開されることになります。

8 従来型の治水手法との折り合い

流域治水を進めるうえで考えないといけないのは、従来型の治水手法との折り合いをどうつけるかです。しかし、これはまだ未知数です。実は流域治水の手法でどの程度の流出抑制ができるかは未知数です。私自身は、すべての場所で対策を実施したら、2割から3割程度の流出抑制はできるのではないかと考えておりますが、流域全体でどれぐらいの流出抑制ができるかという研究までは至っていません。

国土交通省は今のところ、従来型の治水手法のプラスアルファとして、流域治水を位置づけています。現状では、気候変動で増加する分を流域治水で対応することとされています。しかし将来的には、堤防、ダム、遊水地、流域での流出抑制、そういうもののすべてを平等に扱った、治水安全性と地域の持続的発展の両者を達成するベストミックスというような概念が今後重要になってくるだろうと思います。しかしながら、行政の継続性とか連続性を考えたときに、それをどういうふうな方法論でやっていくかという議論はこれからだろうと思っています。

最終的には、流域治水から国土のあり方が根本的に問い直され、国土再編へとつながり、第二の列島改造論のように、環境に優しく洪水も起きにくい国土に再編することが必要になってくるのではないかと期待しています。

—9— 国土の改変が洪水量に与える影響

先ほどもいろいろとお話ししましたが、ここで、国土の改変が洪水量にどのような影響を与えているかについてもう少し説明します。図11は過去の研究例です。都市化によって洪水がどれくらい増えるかという研究はいくつかあります。これは40年ほど前の山口さんらの研究です。それをみると、都市化の前後で流出量が5・8倍になるというようなシミュレーション結果を示していますし、鮭川さんらの研究では約2・7倍になっています。都市化によって、同じ雨が降っても洪水の量は大体3倍ぐらい増えるというように言われており、それに都市は耐えられるようにいろいろと河川改修をしてきました。しかしながらそれによって、東京とか大阪でみられるように無機質な川がたくさんできてきました。都市化に対応するために無理をして洪水防御してきており、そのような現状になっているわけです。

都市化による洪水量の増大に比べると、気候変動による増大のほうがゆっくりしています、増大の割合もそれほど大きくない想定をされています。したがって都市水害に対しては流域治水によって、過去の水循環に少し戻すことで、気候変動に耐えることは十分に可能なことがわかります。

一方、農地や山地を流れる大河川はどうでしょうか？　水田の圃場を整備することによって洪水が増えるのかどうかという研究は非常に少なく、明瞭な結果が出ていませんが、いくつかの研究によって、同じ雨が降った時に、圃場整備をすると洪水が増えるということもどうも確かなようであります（図12）。

さきほど少し話しましたが、大河川において国土の変貌が流出にどのような影響を与えるかということはまだ明らかになっていません。しかしここ数十年にわたって、流出を増やす方向への国土の変化が営々となされてきたということは事実であると思います。農業用および道路などの排水路はすべてコンクリートに変わってきます。山の中の道路沿いであってもコンクリート側溝になっています。

貯留は場所によります。確実に昔のほうが貯留する場所が多かったかどうかというのは場所によります。しかし浸透量は確実に減っています。それでは蒸発散はどうでしょうか？　木がたくさんあると、豪雨の時にでも蒸発散により10％から20％の雨水は失われることがわかっています。ですから、昔に比べて緑の量が増えているか減っているかということが重要になりますが、おそらく流域によって異なると考えられます。

1/5降雨　都市化によって5.8倍　シミュレーション

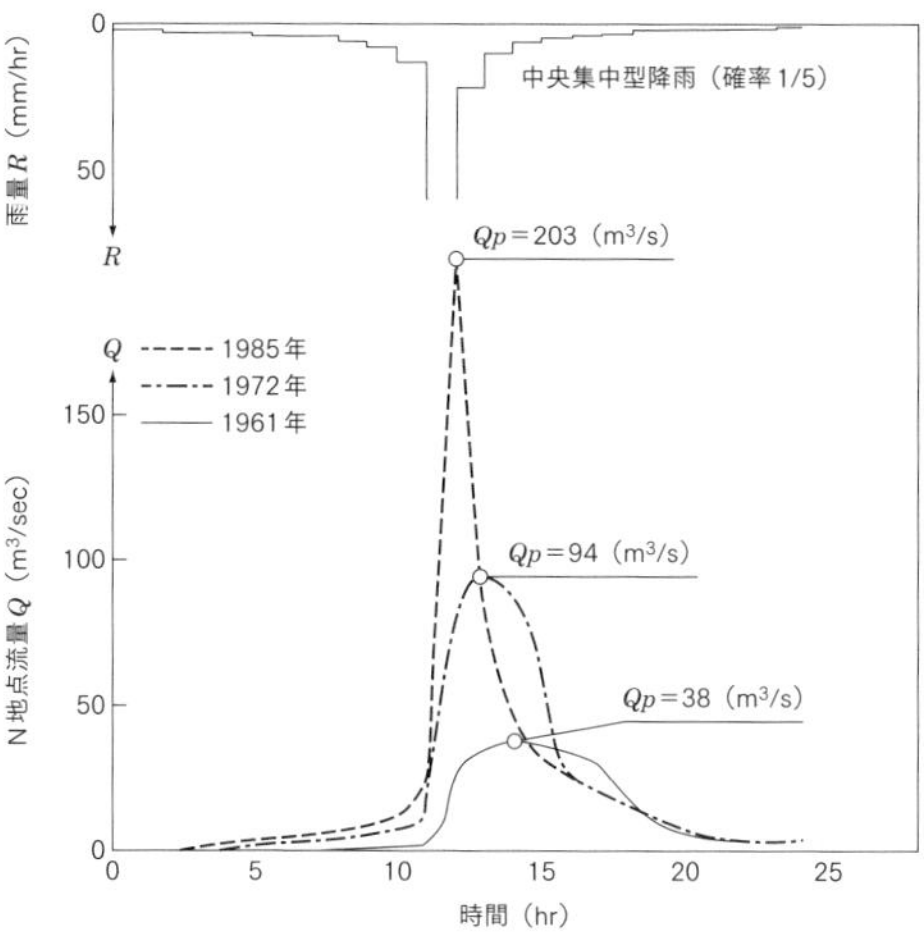

出所：山口高志、吉川勝秀、角田学（1981）都市化流域における洪水災害の把握と治水対策に関する研究、土木学会論文報告集（313）、75-88

1/5降雨　都市化によって2.7倍　大栗川

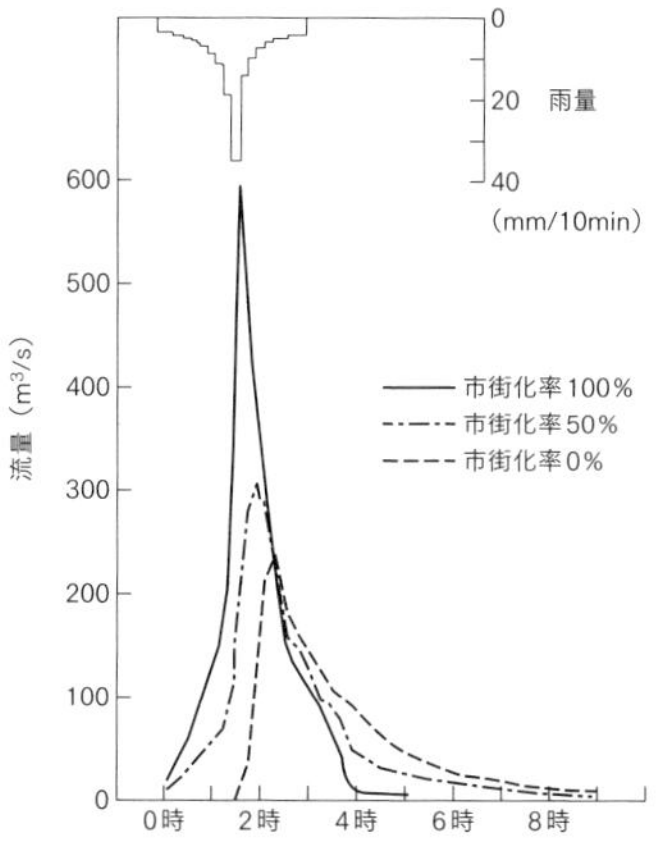

出所：鮭川登、北川善廣（1982）都市化流域の洪水流出モデル、土木学会論文報告集（325）、51-59

図11　都市化による洪水流出の変化

流出予測結果

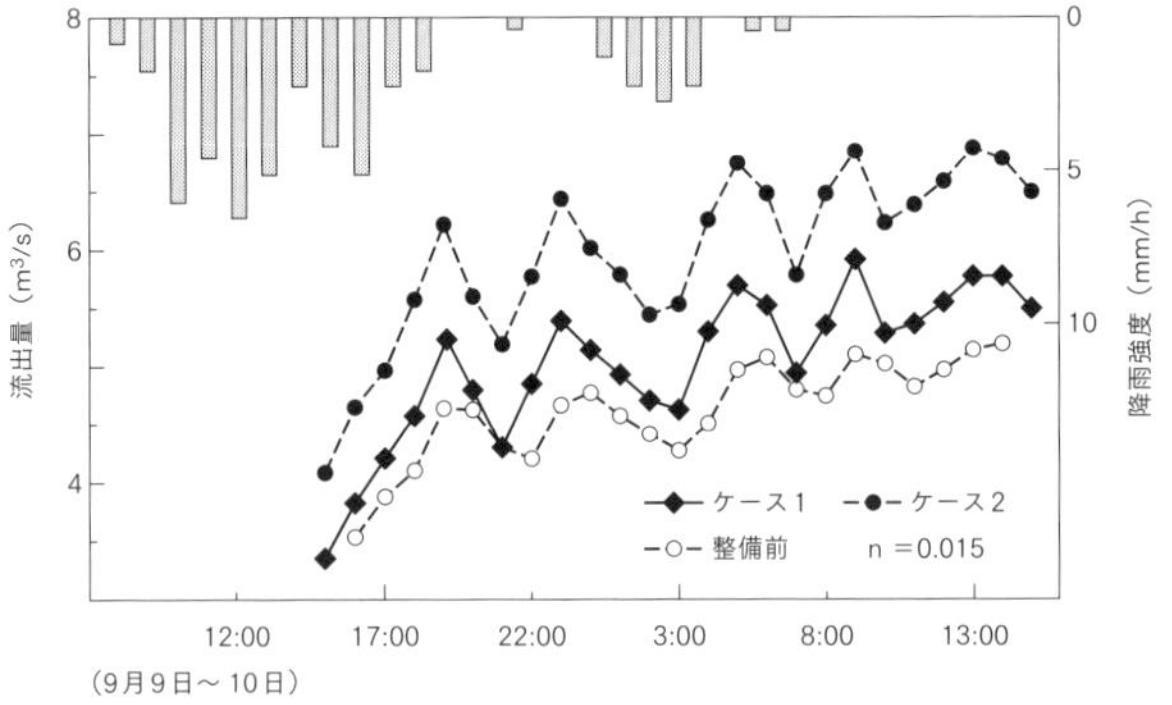

出所：長谷部正彦、鎌田清彦、葛尾光晴（1989）低平低地における水田流出解析と圃場整備による流出変化の予測について、土木学会論文集（628）、41-54

流出量の変化

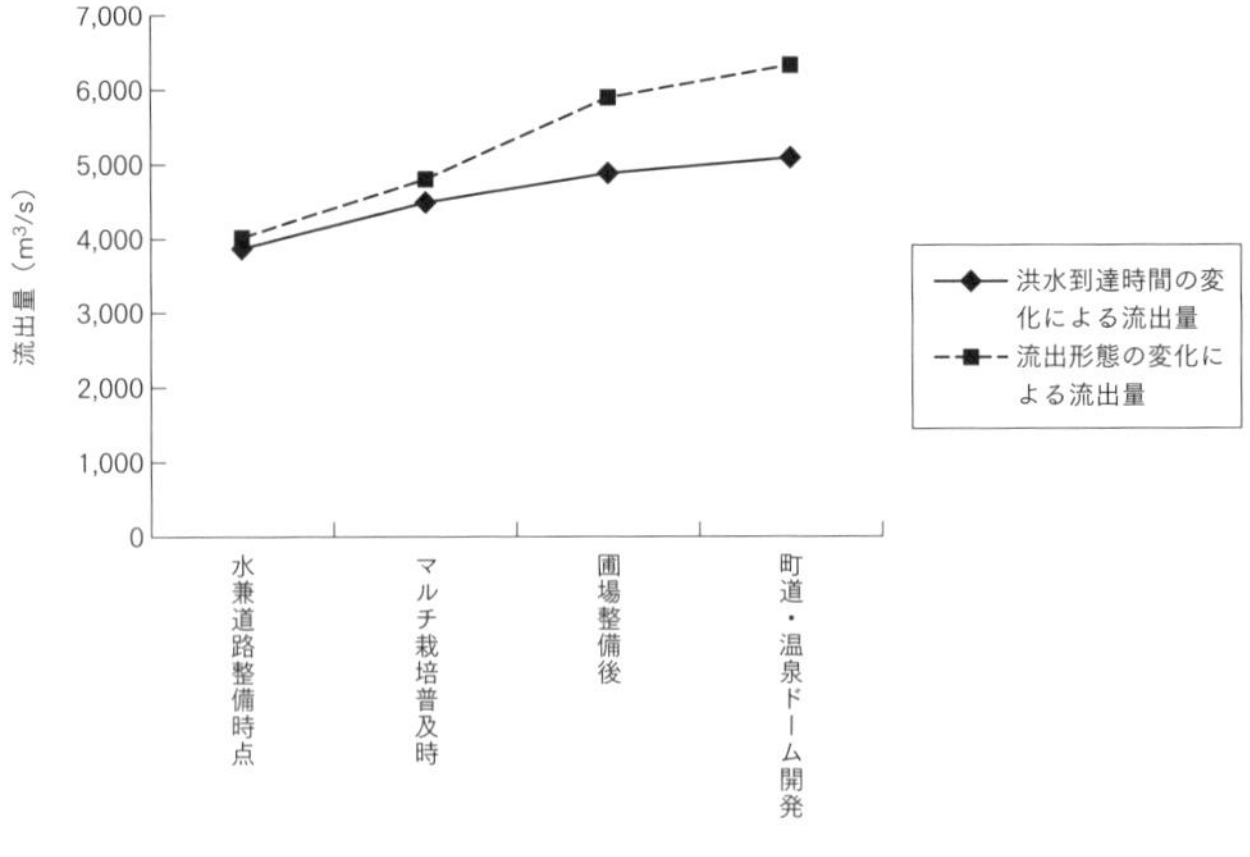

出所：前田勉（2009）総合治水対策による農業農村整備後の排水影響の低減について、農業農村工学会誌、77（11）、885-888

図12　圃場整備による洪水流出の変化

—10— 流出抑制対策の具体例

次に、流出抑制の具体策についてお話しします。まずは繰り返しになりますが、浸透の効果というのは小さいようで実は非常に大きいのです。福岡のような花崗岩のところは、雨が降り続けていても1時間当たり20㎜ぐらい、関東ロームの東京では１４０㎜ぐらいの雨が浸透すると言われています。ですから本当に上手に浸透させれば、洪水にはならないことがわかるわけです。この浸透というのをどういうふうに増やしていくのかということは非常に重要です。世界的には土をどういうふうに考えていくのかということ、健全な土にするということがいかに洪水を防ぐのに重要かというような議論が今なされています。

（1）浸透施設の設置

浸透施設は、総合治水対策によって、40年ほど前から各地で造られてきました。図13は東京の昭島市の例ですが、グラフの縦軸は平均の流出率、すなわち降った雨のうち何％が出て行っているかを、また横軸はこの施設を導入してからの経過時間を示しています。実線は浸透施設を入れていないところ（在来工法地区）、太い実線は入れているところ（浸透工法地区）、点線は入れているところとそうでないところ（全地区）の平均値を示しています。

このグラフをみると、施設を入れるといかに流出を抑制するかがわかります。しかも、平均の流出率は30年経っても減っていません。これは昔の住宅都市整備公団、今のＵＲが造ったものですが、非常に上手にできていて30年経っても浸透能力は落ちていないのです。浸透施設を入れていないところでは、25年経過

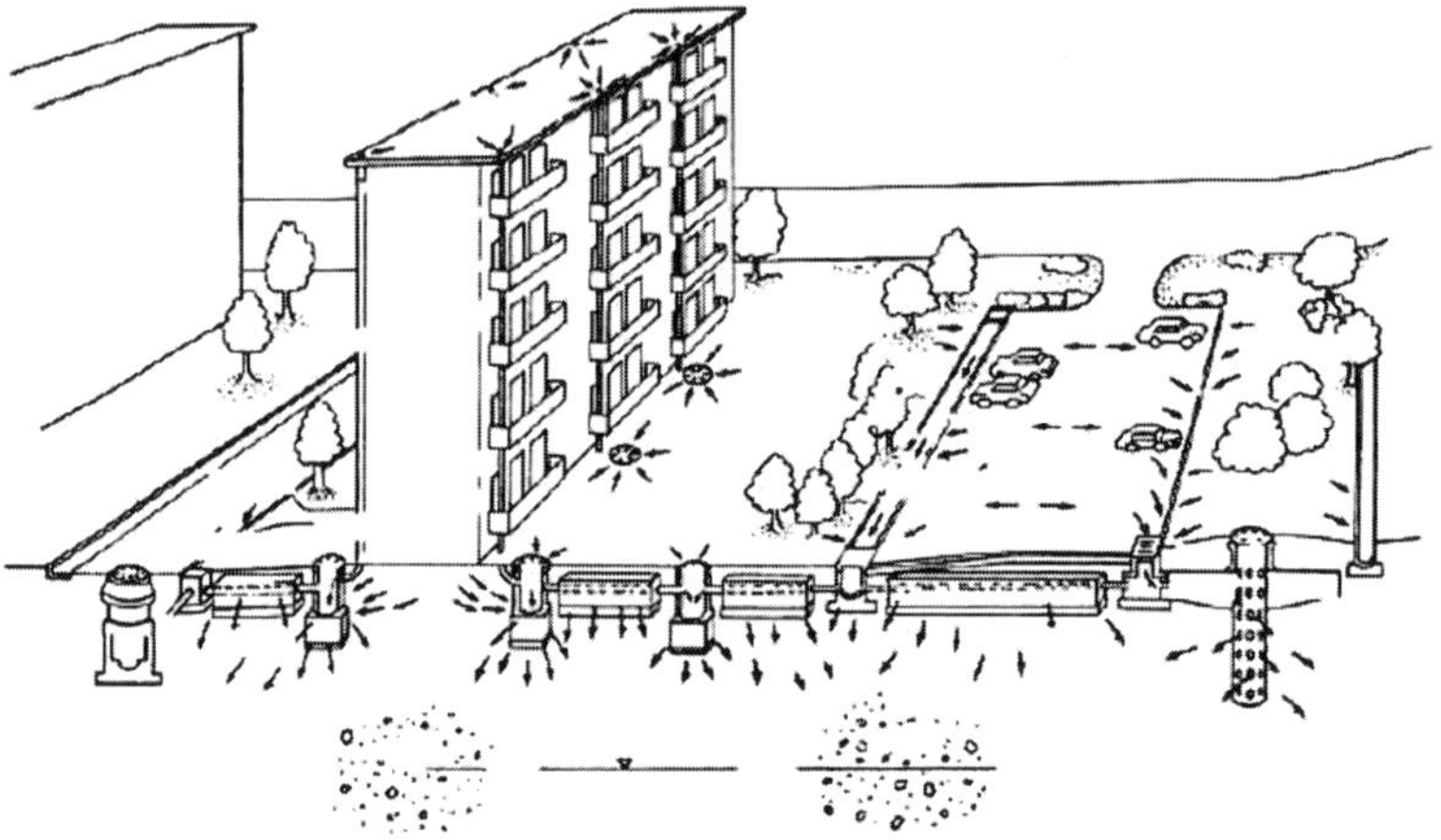

浸出抑制施設概念図

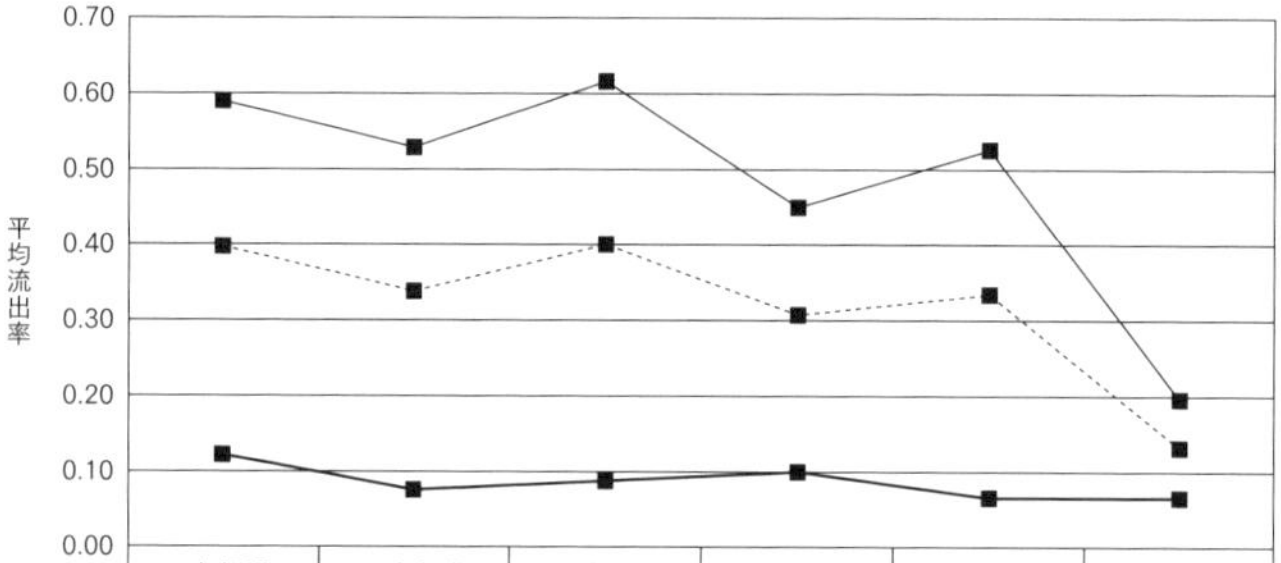

	5年経過	10年経過	15年経過	20年経過	25年経過	30年経過
―■― 浸透工法地区	0.13	0.08	0.09	0.10	0.07	0.06
―■― 在来工法地区	0.59	0.53	0.62	0.45	0.53	0.20
--■-- 全地区	0.40	0.34	0.40	0.31	0.34	0.13

平均流出量の経年変化

図13　昭島つつじが丘ハウスにおける浸透施設の設置
出所：里見達也（2013）都市再生機構における雨水貯留浸透施設の研究開発と到達点―雨水貯留浸透施設の30年経過における流出抑制効果、流域圏学会誌、2（1）、15-21

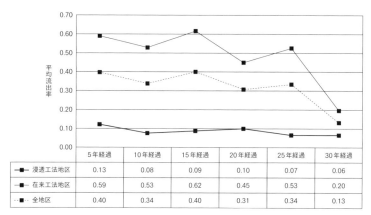

時点で浸透施設を入れたのですが、そのためぐっと流出率が下がっている。浸透施設は目詰まりするのではないかとかいろいろと言われていますが、上手に造るとそれほどではないということがわかっています。

（2）住宅での対策

都市では住宅対策も重要です。私たちが樋井川流域の研究で導入した「あめには憩いセンター」は、住宅の樋を切って庭に水を流し庭で雨を受け止める魅力的な施設で、その庭は日本庭園風の雨庭と呼ばれるものです（図14、図15）。このような施設を導入しますと、樋井川の洪水発生時の雨量に対して、流出率が70％だったものが、27％に低下すると推定されています。各家でも非常に安くかつ魅力的に流出抑制ができることがわかっています。

私たちはコミュニティカフェを対象に実装実験をやり、魅力的で効果的な流出抑制施設ができることがわかっています（図16）。ここでは97％流出していたものが半分くらいに減らせています。

（3）グラウンドでの対策

グラウンドにも対策は可能です。たとえば100m×100mのグラウンドに周りに穴を掘って砂利などを入れて深さ1mくらいの礫層のようなものを造り、そこに水を貯留するのと浸透を組み合わせると、100㎜ぐらいの雨が降ってもほとんど流出を抑制できることがわかっています（図17）。

図18は福岡大学の浸透型のあまみずグラウンドで、表面を人工芝で覆い、下に透水・貯留層を設置しています。総雨量300㎜ぐらいまでは抑制できます。各地の学校で校庭貯留施設を造っていますが、ほとんどがグラウンドの上に水を貯めるものです。そうすると非常に使いにくくなってしまいます。この浸透

図14　あめには憩いセンター（樋井川流域）
個人住宅で流出抑制した例

図15　あめには憩いセンターの日本庭園風の雨庭
樋を切断し、途中で貯留して活用しつつ、大雨の
時にオーバーフローした雨水は庭に浸透させる

郵便はがき

1078668

おそれいりますが切手をはってお出し下さい

(受取人)
東京都港区
赤坂郵便局
私書箱第十五号

農文協
読者カード係 行

http://www.ruralnet.or.jp/

◎ このカードは当会の今後の刊行計画及び、新刊等の案内に役だたせていただきたいと思います。　はじめての方は○印を（　）

ご住所	（〒　－　） TEL： FAX：
お名前	男・女　歳
E-mail：	
ご職業	公務員・会社員・自営業・自由業・主婦・農漁業・教職員(大学・短大・高校・中学・小学・他）研究生・学生・団体職員・その他（　）
お勤め先・学校名	日頃ご覧の新聞・雑誌名

※この葉書にお書きいただいた個人情報は、新刊案内や見本誌送付、ご注文品の配送、確認等の連絡のために使用し、その目的以外での利用はいたしません。

● ご感想をインターネット等で紹介させていただく場合がございます。ご了承下さい。
● 送料無料・農文協以外の書籍も注文できる会員制通販書店「田舎の本屋さん」入会募集中！
案内進呈します。　希望□

■毎月抽選で10名様に見本誌を１冊進呈■（ご希望の雑誌名ひとつに○を）

①現代農業　②季刊 地 域　③うかたま

お客様コード □□□□□□□□□□

17.12

お買上げの本

■ご購入いただいた書店（　　　　　　　　　　書店）

●本書についてご感想など

●今後の出版物についてのご希望など

この本をお求めの動機	広告を見て（紙・誌名）	書店で見て	書評を見て（紙・誌名）	インターネットを見て	知人・先生のすすめで	図書館で見て

◇新規注文書◇　郵送ご希望の場合、送料をご負担いただきます。

購入希望の図書がありましたら、下記へご記入下さい。お支払いはCVS・郵便振替でお願いします。

（書名）	（定価）¥	（部数）　部
（書名）	（定価）¥	（部数）　部

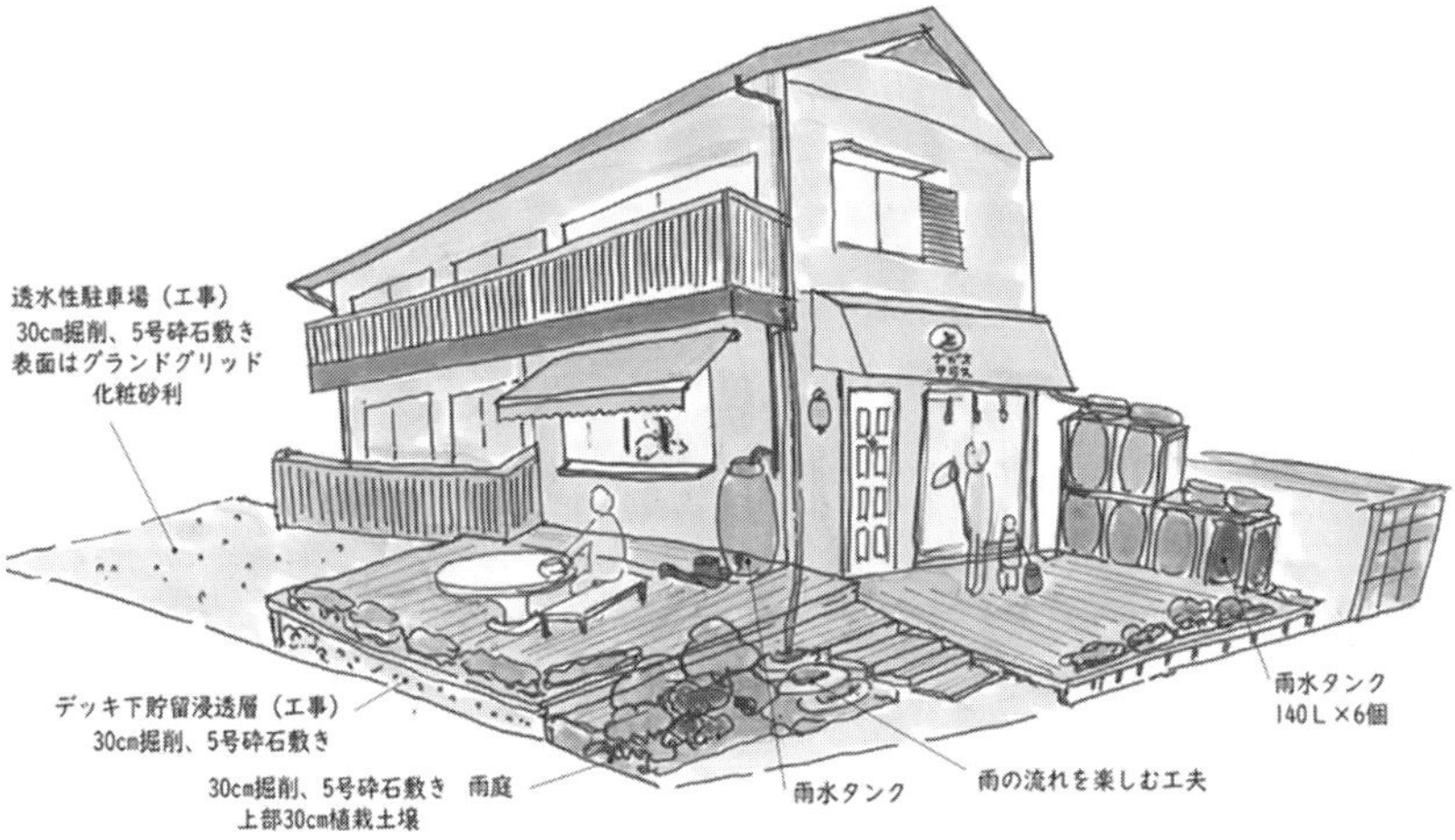

図16　コミュニティカフェを対象とした浸透施設の実装実験
上：実装イメージ、下：実装後の外観

（撮影および原図はいずれもあまみず社会研究会）

型のグラウンドは雨の日も練習ができます。サッカー部はこれができてから非常に強くなりました。監督が予定した日すべてで練習ができる。選手にとっては雨で練習が休みにならない〝鬼のグラウンド〟なのですが、非常に快適なグラウンドです。

流域治水というのは、いかに魅力的に他の効用があるようなかたちで流出抑制をするのがポイントになります。

（4）道路での対策

道路からの流出抑制も、道路の側溝を貯留・浸透型に変える方法が考えられるわけです（図19）。福岡市ではよく洪水がありますので、浸透型の側溝が導入されているそうです。道路からの流出抑制というのも十分できると考えています。

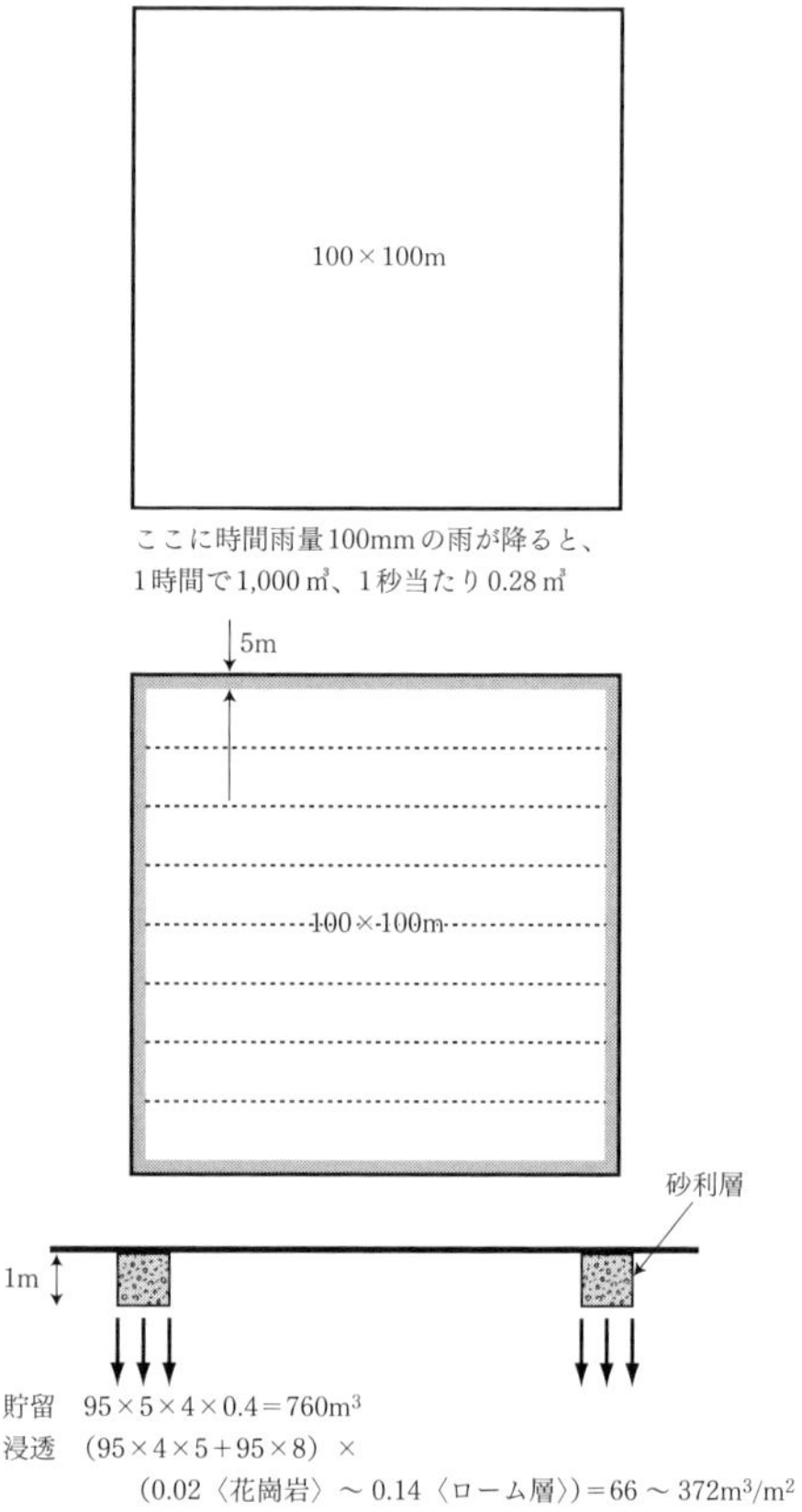

図17　グラウンドからの流出抑制

これまでの流出抑制：
雨の時使えない
浸透型雨水グラウンド：
雨の日にも使える
図18　福岡大学のあまみずグラウンド　撮影：島谷幸宏

（5）「もたせ」の利用

図20は、田んぼの中を流れている川の一部を狭くし、上流に水を氾濫させるもので「もたせ」と呼んでいるアイデア段階の施設です。福岡の柳川では、ところどころ堀の一部が狭くなっていて、一気に水を流さず、狭くなった上流の堀で洪水の時に水をもたせるようになっています。その構造を農地に適用することを考えて提案しています。

もたせは直列型の遊水地と考えることができますが、利点は氾濫した時の水の流れが遅いことです。洪水は上流から氾濫する場合と下流から氾濫する場合とで、被害が全然違うからです。バックウォーターで氾濫する時は流速が遅いので被害は非常に軽減されます。また、もたせ堤防沿いにちょっとした池を造り、全体から水が溢れるようにすると、被害も軽減され、しかもそこにいろいろな生き物が棲む湿地とすることもできると想定しているわけです。

図21はスイスの例で直列型の遊水地です。道路があって、そこに川の流量を絞るための小さな穴があって、上

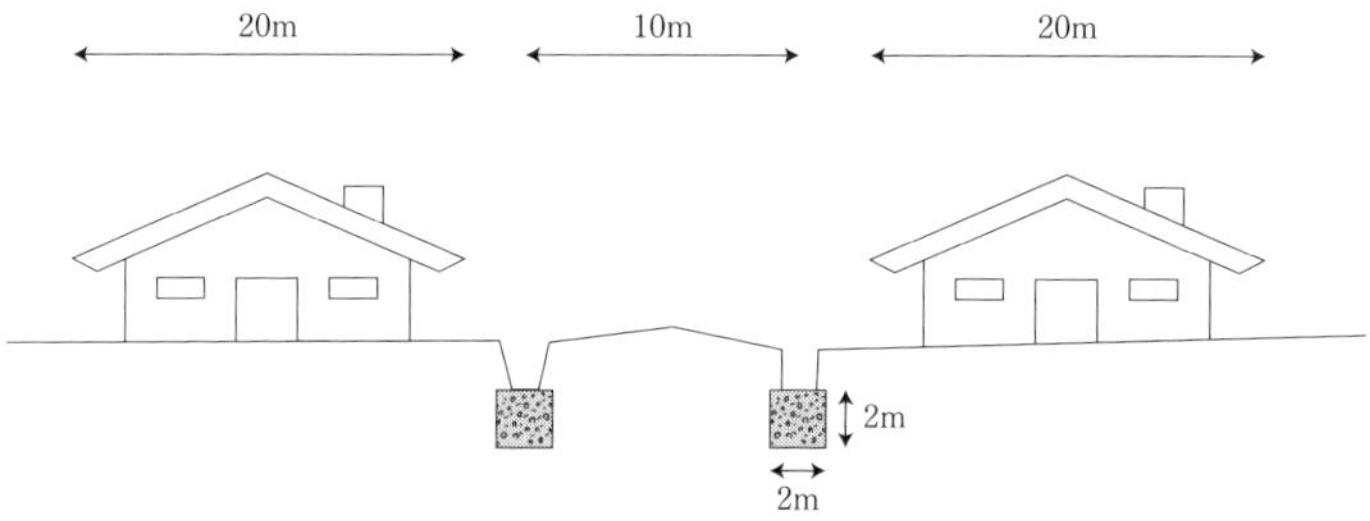

延長1km　ここに時間雨量100mmの雨が降ると、1時間で5,000m^3、1秒当たり1.39m^3

貯留　　$4 \times 2 \times 0.4 \times 1{,}000 = 3{,}200$m^3

浸透　　単純に底面からのみの浸透を考慮。1時間当たり80 ～ 560m^3

図19　道路からの流出抑制

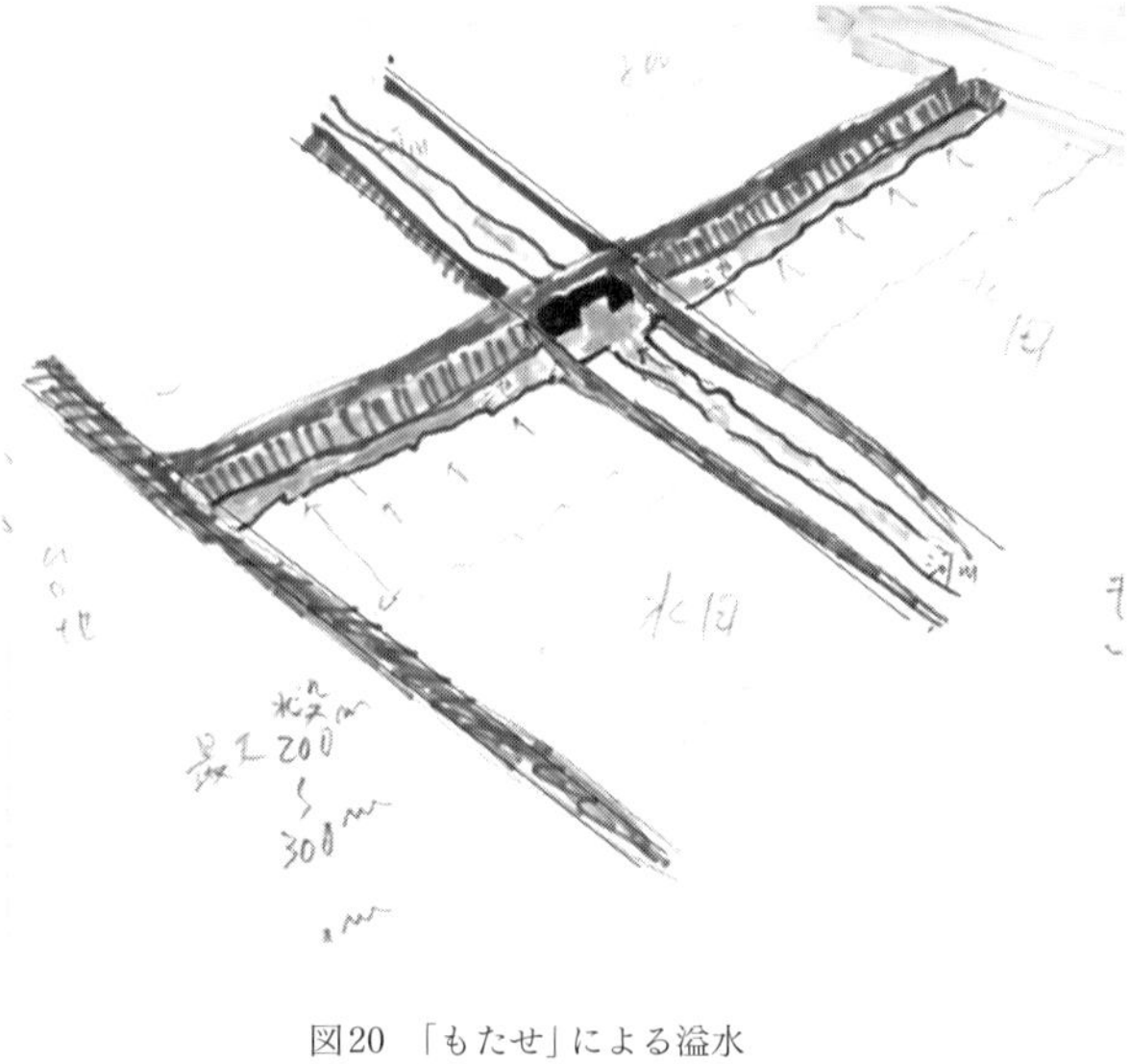

図20 「もたせ」による溢水
水田での適用の仕方
原図：島谷幸宏

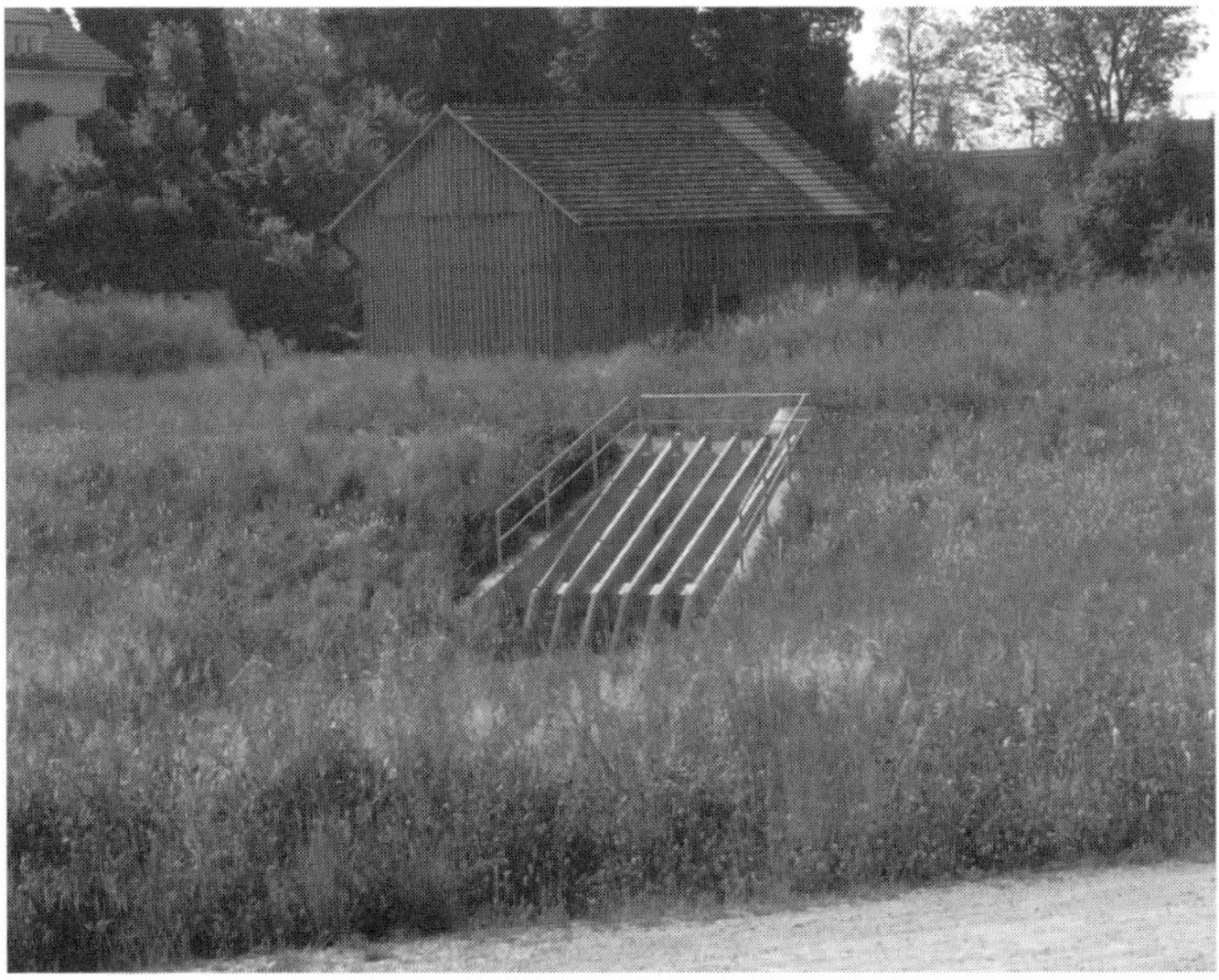

図21　直列型の遊水地の例（スイス）
上が上流側の遊水地でビオトープにしている。下が下流側で、
道路の下の穴で流量を絞り連続する遊水地につながっている
撮影：島谷幸宏

流にビオトープを造っているのですが、こういう遊水地、縦型の遊水地は非常に重要なポイントになると思います。

人吉盆地では2020年（令和2年）の球磨川豪雨で、盆地上流部の支流がほとんど溢れなくて、本流だけが溢れたという話をしましたが、盆地には水田が広がっていますので、こういうところに、もたせみたいな構造物を造ることによって、1箇所で1割ぐらいの洪水のカットはできますので、農家の人と相談しながらこうした対策を行なっていくことが可能なのではないかと考えています。

（6）田んぼダム

そのほかですね、田んぼダムが最近注目されています（図22）。田んぼの畦は30㎝ぐらいありますので、そこを上手に有効活用して、この30㎝の間で稲に被害が出ないように流出の構造を決めて、水害を防ぐと

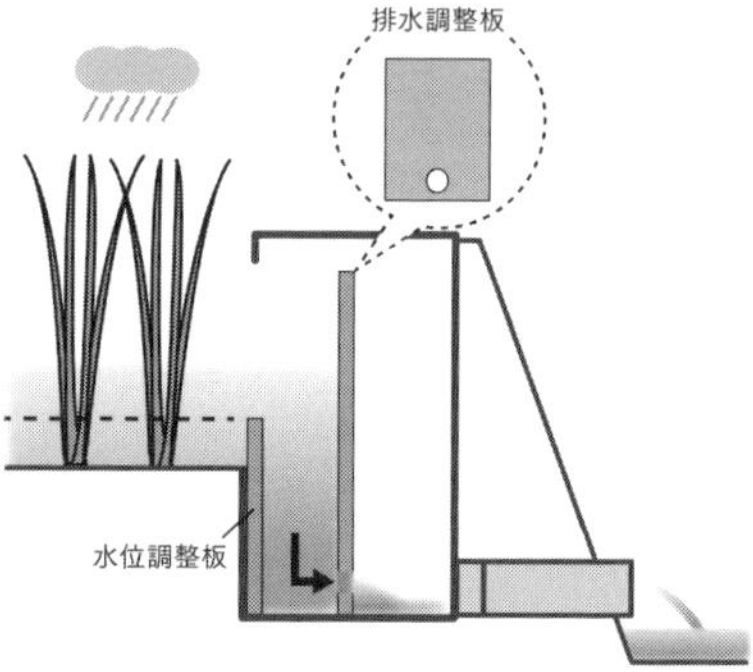

図22　田んぼダムの仕組み（立板式）
排水枡に縦溝が切られ、この溝に水位調整板を取り付けるタイプ。溝が2つ以上あれば、水位調整板の奥に排水調整板を設置し、水位調整と排水量調整の機能を分離できる
写真提供：新潟県

いうことも十分考えられるわけです。30㎝というのは300㎜ですから、非常に大きな降雨を貯めることができるわけです。ただし流出のための構造についてはいろいろと工夫する必要があります。将来的にはIOTの発達によりゲートの自動制御へと発展すると推測されます。

(7) 山地・林地での対策

そのほか山地に関しても、今までは三面張りの川だったものを、なるべく自然なかたちに戻し——図23は高千穂の写真で、下は災害復旧工法によるものです——て、なるべく川を広くし、蛇行させ、大きな石

図23　山地渓流の復旧
上が従来の山地渓流の復旧工法（道路工）で、下が環境に配慮した復旧工法。後者では川幅を変化させ、巨石を配置し、護岸石に土を詰めた工法により、自然の川がよみがえった
撮影：島谷幸宏

を置いて、流れを遅くしながら下流に流す、というような対策が重要です。

また林地では今、鹿害によって土壌流亡が起こっています。鹿害が起こった場所に土をどう返していくかということが非常に重要だろうと思っています。このほか、流出抑制に関してはさまざまな対策が考えられます。

—11— 氾濫流のコントロール

次に、氾濫流のコントロールに関して少し話したいと思います。

氾濫流のコントロールで重要なのは、氾濫域の限定、すなわちどこで氾濫させ、どこでとどめるかということ、すなわち流速の低減、そして水深の低減です。熊本大学の皆川朋子先生が阿蘇の黒川流域を事例に研究しています（図24）。それによると、氾濫が起こっている場所の道路を少し嵩上げすることによって、氾濫流が抑制されて農地にとどまり、住宅の水害を防ぐことが可能なことがわかっています。図24は阿蘇の黒川を対象に400年に1回の洪水時の氾濫シミュレーションの結果を示しています。道路を嵩上げしない上図に比べて、道路を嵩上げした下図ではV1・V2・V5の集落で氾濫が発生していません。一方、V7の集落は若干氾濫水深が大きくなっています。これらの道路の嵩上げは横堤、二線堤、輪中堤などと呼ばれる伝統的な治水工法ですが、上手に導入すれば氾濫被害を軽減できる可能性を示しています。こういう氾濫流のコントロールは、今後の気候変動で雨量が大きくなり、氾濫が完全に防ぐことができない場合は非常に重要な手法となります。

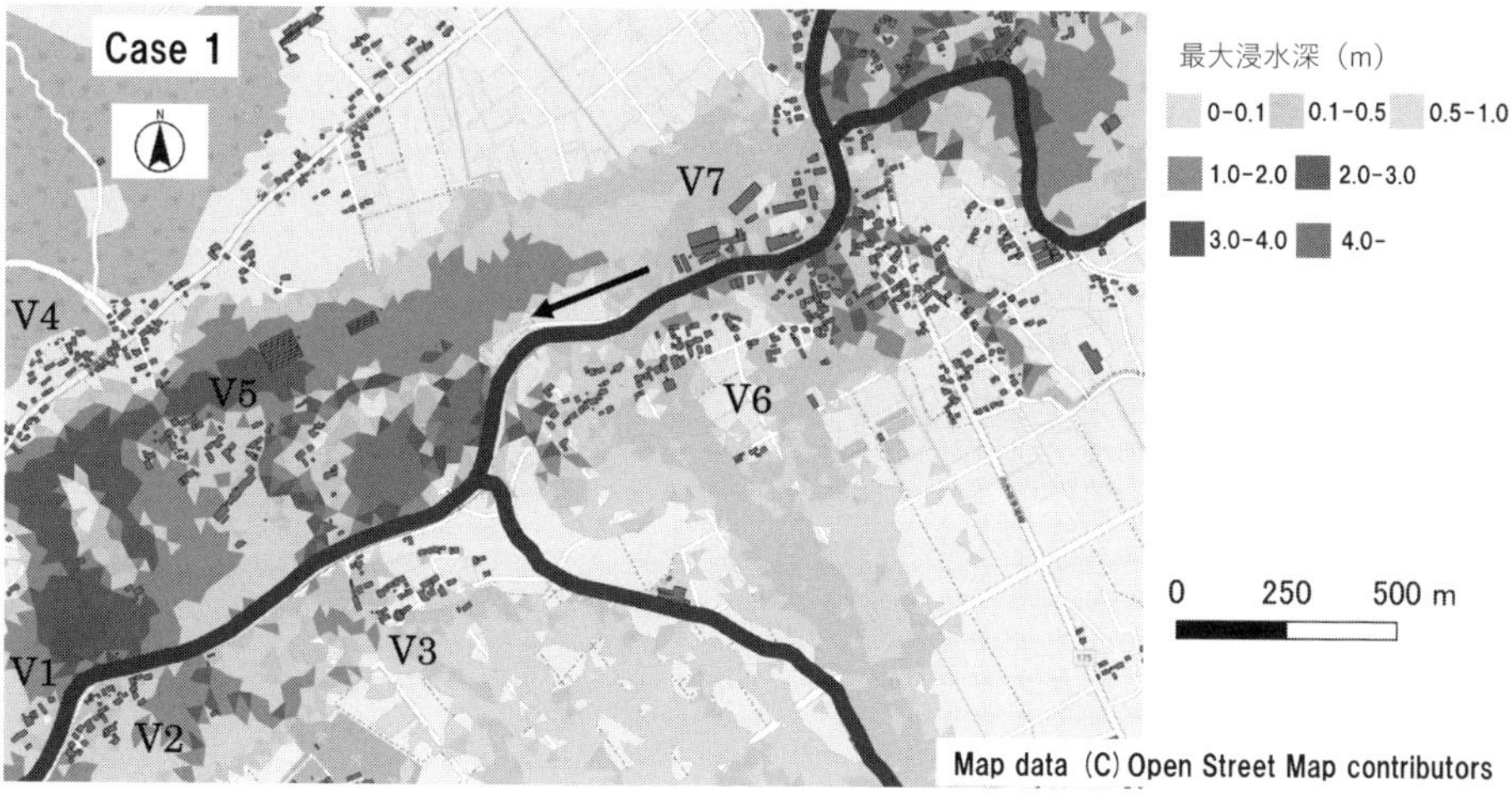

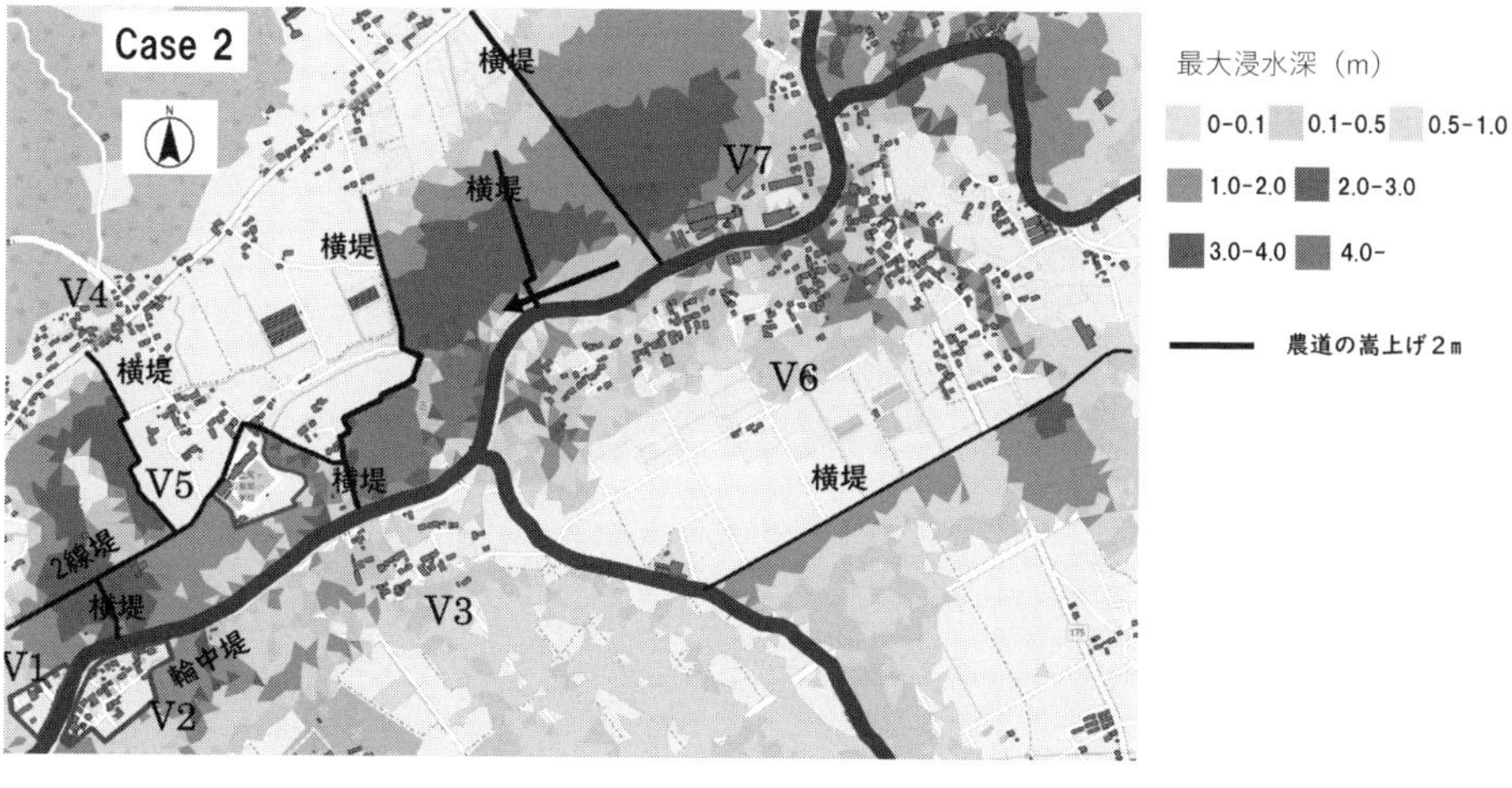

図24　400年確率豪雨時の最大水深のシミュレーション結果（V1 ～ V7は集落）
上：道路嵩上げ導入前、下：道路嵩上げ導入後
出所：Open Street Mapに皆川朋子加筆

おわりに

流域と支流の関係をどう考えどうバランスを取ればよいのか？　要素技術をどのように開発し、それを現場にどのようにして導入すればよいのか？　などいろいろと課題はありますが、これからいろいろな技術が開発されていくと思われますので、計画を柔軟に変更していくための仕組みが重要になります。また、上流の河川改修や河道の過度の掘削などは、下流の流量を増やす取り組みとなることを十分に知り、今後は極力避ける必要があります。ある場所の流下能力を増やすと必ず下流につけがいきます。いかにして流域全体で水を保ち、リスクを分散させながらやっていくかというのが流域治水のポイントになります。地域づくりとか環境保全とか地域との協働というのも非常に重要です。そこに万全の注意力を注ぎながら流域治水が進展することを望んでいます。

第4章

「流域治水」の歴史的背景、滋賀県の経験と日本全体での実装化にむけて
住民と行政の「楽しい覚悟」の提案

嘉田由紀子

—1— 明治河川法、昭和河川法、そして平成河川法に国の方針をみる

日本の河川政策の歴史はふりかえると大きく三つの転機があった。明治29年（1896年）の治水優先から、昭和39年（1964年）の治水＋利水、平成9年（1997年）の治水＋利水＋環境保全＋住民参加という流れであり、2021年（令和3年）4月の流域治水関連法の成立は、平成河川法の理念が政策現場に浸透しはじめた第一歩といえる。

日本の近代化が進むなか、高い連続堤防によって河川の中に洪水を閉じ込める「河道閉じ込め型治水」で、河川周辺の農地開発や都市開発を進めることを目指したのが明治河川法である。この頃農山村から人びとを大都会に集める「向都離村」による都市化や産業化が進みつつあった。これらの地域開発と両立させるためには川の面積をできるだけ狭めて、洪水も河川に閉じ込め、都市や住宅地が拡大する中で、河川も暗渠にして人間活動分野を増やすことが目的となった。わかりやすい例では、かつて「春の小川」に歌われた渋谷川は、東京渋谷繁華街の地下に閉じ込められ暗渠となってしまった。都市拡大により、河川や水域は、道路の下に隠された。そこではホタルはもちろん、ザリガニさえすめない水の流れが広がった。

明治河川法制定と時を同じくして、物資の移動手段も舟運から鉄道や道路輸送へと変わり、そのためにも「河道閉じ込め型治水」が有利となった。また同時に明治30年代以降、それまで河川の大量な水利用は農業用が主だったが、都市化にともなう上水道への水の供給や、水力発電などの需要も拡大し、河川水を用途別に争うこととなった。そこで河川を流れる水量を計測し、上水道や発電目的にそれぞれ毎秒何トン

と割り当てることが必要となった。洪水対策として、河川を横切って水を貯めるダムという発想がでてくるのは大正末期から昭和初期であり、土木技術者物部長穂による「河水統制事業」がその始まりである。物部は、冬には洪水が少ないので発電用に水を使い、夏には発電と洪水用の多目的に使えるとして多目的ダム建設を提案する。アイデアの起源はアメリカのＴＶＡなど、河川開発計画であり、「河水統制事業」と名付けられた。しかし、第二次世界大戦の影響もあり、実際に河水統制事業で示されたような多目的ダム建設が実現されはじめたのは戦後の昭和30年代である。特に昭和20年代の水害多発時代を経て、１９５７年（昭和32年）に「特定多目的ダム法」が、１９６１年（昭和36年）には「水資源開発促進法」が、その総まとめとして１９６４年（昭和39年）の新河川法（昭和河川法）の制定があった。

新河川法では、利水については、農業用水や水道用水、工業用水や電力用水など用途別に水量を割り当て、多目的ダムの建設計画をたてる。治水については、ダムや高い堤防で河川内部に閉じ込めるべき最大水量を「基本高水流量」として、堤防で閉じ込めることができる「計画高水流量」を超える流量をダム建設でカバーするという洪水の水量配分の仕組みをつくった。それが昭和30代以降のダム建設ラッシュの論拠となった。

新河川法には、河川を単なる量的な水資源供給の場として把握する「近代科学主義」が貫徹されている。水量計算にまつわる河川水理学や河川工学の専門家が育ち、河川は単にダムで貯めた水を流すだけの容器となる。魚類などの生き物も、ホタルなどの水生昆虫の姿もみようとしない。先祖伝来の水災害からの記憶を今に伝えるような、川べりにたたずむお地蔵さんの姿も目にはいらない。もちろん、魚つかみを楽しむ子どもの姿は忌避するもので「よい子は川で遊ばない」という看板が日本中の河川や水路に張り出される。それが平成初期までの日本の河川や水辺だった。

つまり水は「使用価値」としての「資源」でしかなく、水の中に暮らす生き物の命を思う「存在価値」も、また水辺の風景や文化を大切にする「ふれあい価値」も忘れられ、単なる使用価値に集約化されていった。ここには、本来は多様なまるごとの存在を単一要素に分解し、個別の要素だけを理解すれば全体の性質や振る舞いをすべて理解できるという、「近代的要素還元主義」による「科学万能主義」が完結されていた。

河川から生き物の姿が消え、子どもの遊ぶ姿も消え、行政主導の大規模ダムや河口堰や可動堰により各地の河川環境が破壊されていることに危機感を感じた住民や市民の活動がでてくるのは平成にはいってからだ。平成初期には長良川河口堰建設の是非をめぐり学者や芸能人などまで巻き込んだ河口堰反対運動が起き、河川にダムや堰のような巨大遮蔽物を造ることの是非が論じられた。同じ頃、吉野川では第十堰という江戸時代以来の井堰を壊して近代的な可動堰を造る計画が建設省から示されたが、第十堰が今も十分に機能しているとして可動堰建設に反対する住民たちの運動が、住民投票という仕組みを産み出し世論も先導して、可動堰計画は凍結された。また学者の間でも工学系の研究者と生態学研究者が協働した「生態工学会」が生まれ、河川環境の研究も進んだ。おりしも１９９２年（平成４年）にはブラジルで地球環境サミットが開催され「生物多様性」の重要性が提起された。２０１５年（平成27年）以降、人類としての望ましい未来をめざすＳＤＧｓのひとつの柱がこの時に付加されたことになる。

このような動きを受けて、１９９７年（平成９年）河川法の改正が行なわれた（平成河川法）。建設省も河川の生態系の維持を含め「環境保全」を河川法の目的に加え、それまでの工事主体の計画から、長期的な「河川整備基本方針」と、20～30年間での「河川整備計画」という二段階の計画論を法制化した。さらに河川整備計画をつくるうえでは、専門家に加えて「地域に詳しい住民」を委員として加える「流域委員会方式」が採用された。

その中でも、2001年（平成13年）に始められた淀川水系流域委員会では、数年間の議論を経て、河川整備の在り方に対して次のような提言をだしたが、特に②の治水の新たな理念は河川内部の施設に依存するだけでなく、万一破堤しても土地利用や建物配慮などを含む流域対応の基本的方向を示すことになった。

①河川環境の保全・再生の新たな理念＝川が川をつくるのを少し手伝う河川整備に転換／環境変化については予防原則に基づいて総合判断を行なう／健全な生態系なくして人類の未来はない

②治水の新たな理念＝計画規模を上回る洪水（超過洪水）を含めいかなる大洪水に対しても壊滅的被害を回避するためできるだけ破堤しない河川対応と破堤した場合の被害をできるだけ軽微にしようとする流域対応を実施する

③ダムについての新たな理念＝ダムは自然環境に及ぼす影響が大きいため、原則として建設しない／ダム以外に実行可能で有効な方法がないことが客観的に認められかつ住民の社会的合意が得られた場合にかぎり建設

④住民参加・協働の新たな取り組み＝住民等の参加による河川管理推進のため、一定の権限と義務を付与した河川レンジャー制度の創設／多様な住民・住民団体・地域組織等、関係行政・運営諸機関等の河川管理活動の拠点としての流域センターの創設

嘉田自身は淀川水系流域委員会に2001年（平成13年）の発足時から参加をし、400回近くの会議や現地調査の中で、流域治水政策への思いを煮詰めてきた。また流域委員会を進める中で、2004年（平成16年）から2008年（平成20年）にかけて、琵琶湖淀川水系の40か所を選び、明治時代以降の水害被

害地の「水害エスノグラフィー調査」を進めてきた。その結果、洪水は多くても死者は少ない、という住民主体型の水害対策の仕組みを現場から学ばせていただいた。

これらの動きを受けて、２００６年（平成18年）７月の滋賀県知事選挙に「ダムだけに頼らない流域型治水政策」を選挙公約のひとつとした。この背景には、嘉田自身の環境社会学者として、昭和50年代から仲間とともに進めてきた水と人のかかわりに関する琵琶湖周辺の地域調査もあった。

―2― 河川政策の変化を住民はどうとらえたか？
――「近い水」から「遠い水」へ

国レベルの河川政策は地域ではどのように受け止められてきたのか。ここでは滋賀県の琵琶湖周辺での人と河川とのかかわりを通して流域治水という考え方が生まれてきた背景について紹介したい。

近年欧米では、国境や県境などの人工的な境界で区切られた地域ではなく、河川流域のような集水域や気候区あるいは生態的つながりを表す地域としてバイオリージョン（Bioregion）の存在が注目されはじめている。そのつながりを研究しながら、生命共同体の一部としての人間の生活の在り方を再発見し、持続可能な地域に転換していく活動がバイオリージョナリズム（Bioregionalism）といわれている。

しかし、このような考え方は日本では決して新しくはない。日本では古来、水を集めてくる集水域ごとに行政組織がつくられてきた地域が多い。いうまでもなく水田稲作農業に必須な水の確保を水源地域から安定化させるためだった。歴史的起源は、７世紀中頃に始まる律令制度であり、その地方行政制度が「国郡里制」である。具体的には、たとえば近江盆地での郡の成り立ちは、野洲郡は野洲川流域、蒲生郡は日野川流域、愛知郡は愛知川流域の左岸、神埼郡は愛知川流域の右岸…というように、琵琶湖を取り囲んでそれぞれの郡の領域が河川流域別となってきた。山頂に降った雨が下流に流れる、その流れに沿って集落が形成され、集落内の水田は条理制度という土地区画整備により、流域共同体を形成した。郡域は山頂部から琵琶湖まで細長く、いわゆる河川流域のバイオリージョンとなっている。郡の下には里があり、それが奈良時代から平安・鎌倉・室町・江戸時代を経て、明治以降の行政組織の近代化の中でも集落としてのまとまりを維持し、現在の町丁大字という地域自治組織につながっているのである。滋賀県だけでなく、日本中で、水田稲作が中心の地域では、古代律令制の時代から、バイオリージョン的地域区画がなされ、現在に継承されているのである。

ではこのような水系共同体には、どのような人間活動が刻みこまれてきたのだろうか。律令時代からの自然村落は、平安、室町、安土桃山時代を経て、村落共同体としての内部組織を強化してきた。中世の自治組織として滋賀県では、菅浦や今堀などの惣村が歴史的にも著名だが、今に残るこれら地域の村方文書の対象は森林、水田と河川の管理や、宮座も含めて社寺組織の在り方などが基本となる。

これらの自治組織が、国土政策に組み込まれた制度的転機は、安土桃山時代に近江から始まった「太閤検地」であり、村落共同体下にある森林、農地、河川、湖沼のような水域を含むまるごとのテリトリー管理が徹底された。村落ごとの境界が決められ（村切り）、その村落内のすべての田畑の面積と生産高による「石高」を決め（検地）、村落全体の年貢高が決められた。

農業生産の基本である土地と収穫高を、統一した度量衡により計測して領土を管理する仕組みは、現在の固定資産税にもつながる近代的な行政租税制度でもある。安土桃山時代の検地を起源とする年貢管理ができていたことが、江戸時代２５０年を経て、明治維新直後の地租改正など近代的な行政による土地管理制度にスムーズに移行できた社会的インフラでもある。
しかも年貢は個別の農家ごとに収めるのではなく、「年貢村請制度」として村全体の石高を村落長である庄屋が責任をもって領主に納めた。為政者にとっては大変都合のいい仕組みだ。日本の村社会といわれる共同体の組織的原理は、この「年貢村請制度」にあるが、農民同士の相互扶助を強化する仕組みでもあり、今でいう福祉組織でもあった。年貢納入を村落単位にすると、洪水の時などはまとめて村落として「減免要求」をして、村全体での年貢高調整が可能となる。

村落共同体の具体的な領域管理の中で最重要視されたのは、水田稲作のために山間部から水をひいて農業用水路の維持管理をすることであった。子どもたちは河川や水田での魚つかみに興じて遊び、大人は食料として魚を捕獲した。生活用水も身近な水路や湧き水、井戸から取り、人間のし尿は「養い水」として畑や水田に戻し、栄養分の使い回し・循環システムが成り立っていた。

集落内の河川堤防では竹林や樹林帯を育て、日常の燃料や建築資材を供給する場ともなった。また連続堤防ではなく、ところどころに切れ込みをいれた霞堤を造り、その内側は竹林や湿地など、浸水を前提とした多様な土地利用がなされていた。それは住宅部分を守ることにもつながっていた。また霞堤の内側の湿地などは生き物の宝庫となり、子どもの遊び場にもなった。後ほど紹介する、村落共同体による「近い水」の仕組みはこのような村落制度にのっとったものだった。「近い水」とは物理的に人びとの暮らしと河川が近いだけでなく、社会的に管理する主体としての参加度が高く、それが結果として「自分たちの川」という精神的に近い存在となる。

「近い水」が生きていた時代の地域防災の仕組みを図にしたのが、図1である。「災いをやり過ごす災害文化が生きていた時代」ともいえる。河川は洪水で溢れることを前提に、浸水する恐れが高いところには

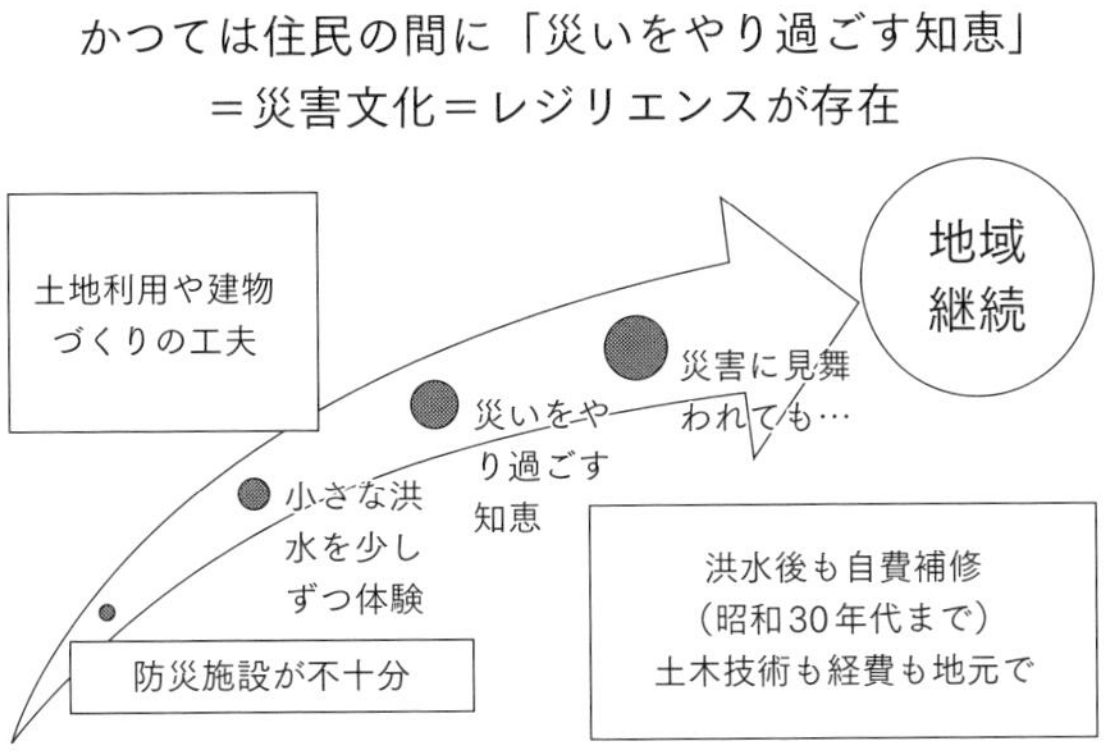
かつては住民の間に「災いをやり過ごす知恵」
＝災害文化＝レジリエンスが存在
土地利用や建物づくりの工夫
地域継続
災害に見舞われても…
災いをやり過ごす知恵
小さな洪水を少しずつ体験
洪水後も自費補修
（昭和30年代まで）
土木技術も経費も地元で
防災施設が不十分

図1　「近い水」時代の「災いをやり過ごす災害文化」の仕組み
資料提供：滋賀県流域政策局

住宅などを造らないという「土地利用」の配慮があった。どうしても住宅を造らざるを得ない場合には、敷地を嵩上げし、「建物で被害をあらかじめ防ぐ」工夫をしていた。また大雨が降る時には、自警の水防組織で堤防を見回り、危ない時には半鐘などで集落中に知らせて堤防補強に集まり、高齢者や子どもは高台に避難させるという「そなえ」を徹底していた。それゆえ河川が溢れても意外と死者は少なかった。堤防が破壊されたら自分たちで補修工事も行ない、費用も基本的に自分たちで負担した。こうして、洪水とのつきあい方を地域共同体として伝統的に蓄積していたのである。河川や水辺にそなわった恵みも災いも、ともに共生し、そこから「川は自分たちのもの」という自主管理感覚が集団的に養われ、精神的にも、社会的にも、地域住民に「近い水」となった。

　地域により異なるが、地域の基礎共同体による「近い水」システムが大きく変わるのは、滋賀県では1964年（昭和39年）の新河川法が契機だ。琵琶湖に流入する約120本の河川はすべて滋賀県や国が管理する「一級河川」指定を受けた。一級河川になると、まずは堤防補強などの工事を国費や県費で対応してくれて地元負担がなくなるので住民に歓迎さ

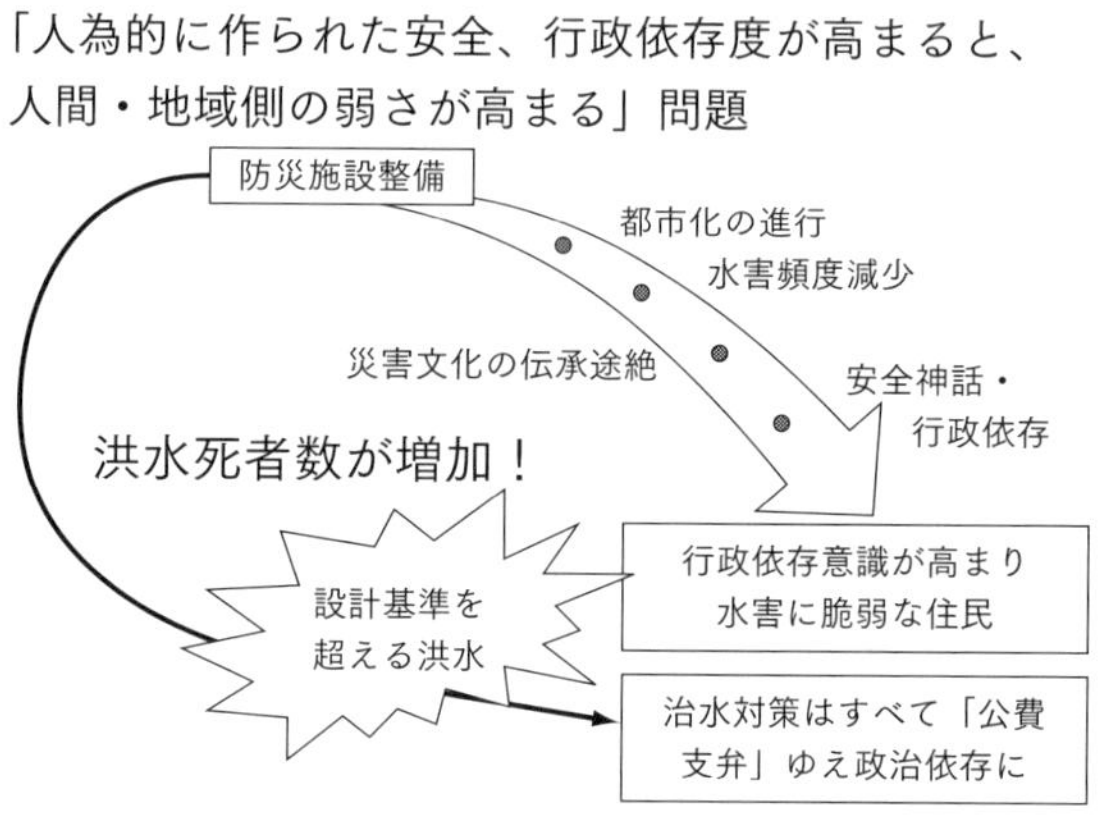
「人為的に作られた安全、行政依存度が高まると、
人間・地域側の弱さが高まる」問題
防災施設整備
都市化の進行
水害頻度減少
災害文化の伝承途絶
安全神話・
行政依存
洪水死者数が増加！
設計基準を
超える洪水
行政依存意識が高まり
水害に脆弱な住民
治水対策はすべて「公費
支弁」ゆえ政治依存に

図2　“遠い水”による水系閉じ込め型治水後、地域の脆弱性が高まる
資料提供：滋賀県流域政策局

れた。河川改修や、場合によっては上流に「治水ダム」さえ造ってくれる。「ダムができ、堤防が高くなったからどんな大雨でも枕を高くして眠れる」という施設建設効果を行政側から示され、施設依存意識が次第に強くなり、自警の水防組織も弱くなる。

しかも、かつて昭和20年代までは所有土地面積などに応じて治水対策費の自己負担があったが、昭和24年のシャウプ勧告以降、治水費用はすべて「公費負担」となった。それゆえ、国や県から治水工事をもってくる政権与党に投票をするだけで、自分たちの安全が担保できるようになったのである。洪水対策が完全に政治課題になったのだ。公共事業費の配分を決める政権与党を選挙で支持することが、自らが負担をせずにリスクの回避を達成できることになる。

しかし、川が国の管理下におかれるようになると、堤防上の土地利用や樹木伐採などは自由にできなくなった。地元の人たちからは「もう川は自分たちのものではなくなった」という言葉が各地で聞かれた。しかし、堤防にもダムにも「計画規模」という設計基準がある。無限に巨大なダムも造れず、無限に高い堤防も造れない。そして社会的には都市化が進み、新住民も増えてきて、伝統的なそなえの意識が弱まり、自警の水防組織が弱くなる。そのような中で、設計基準を超える洪水が増えると、地域の脆弱性はもろに水害被害の増大につながってしまう。図2は、住民から精神的、社会的に「遠くなった」川と人びとのかかわりの下で、「人為的に作られた安全、行政依存度が高まると、人間・地域側の弱さが高まる」ありさまを概念図として整理したものだ。

―3― なぜ流域治水だったのか？

昭和50年代以降、滋賀県内における地域社会での川と水のかかわり調査に加えて、平成時代にはいって水害エスノグラフィー調査をしてきて、私自身が最も怖かったのは、かつて「堤防切れ」をして浸水被害を受けていたような場所が新興住宅地に変わっていたことである。たとえば図3と図4は、高島市内の安曇川沿いであるが、1953年（昭和28年）9月の台風13号による堤防破壊で水害被害をだしたその地域に、「リバーサイドニュータウン」として宅地開発がされ、過去の水害を知らない新住民が多く住みはじめたことを示している。

地域によってはかつて「霞堤」として遊水地となっていた川沿いの土地が「ドリームハイツ」などと名付けられ新住民が住んでいる。県立の福祉施設が堤防沿いの危険地帯に立地し、新しい障がい者施設が、複数河川が交差する氾濫地に計画されている。この土地を売り払った旧住民地主は過去の浸水被害を知りながら売り逃げたことになる。問題はそのような水害の危険区域の開発を規制する手段を、滋賀県だけでなく、全国どこの市町村や県、また国の行政も系統的に持っていなかったことだ。ここは行政としての水害リスクの検証とその情報開示が必要だと痛切に実感した。

図3　昭和28年9月25日13号台風での安曇川堤防切れによる氾濫
撮影・提供：昭和28年10月6日、齋藤源一氏

図4　上とほぼ同じ場所が現在は新興住宅地として開発されている
撮影：2021年6月12日、嘉田由紀子

滋賀県だけでなく、琵琶湖淀川水系でみた場合、かつて湿地であった巨椋池が開発され、住宅団地や福祉施設、流通基地などが造られている。日本中で、過去の水害被害への配慮なしに、土地利用がなされてきた。特に戦後の高度経済成長期には、災害への配慮はほとんどなされていなかった。海外との比較でみると、たとえばフランスでは過去１００年の水害履歴開示なしに不動産取引できない制度が１９９０年代につくられていた。アメリカでは、水害被害のハザードマップの提示なしには水害保険がかけられないという民間企業の努力も始まっていた。

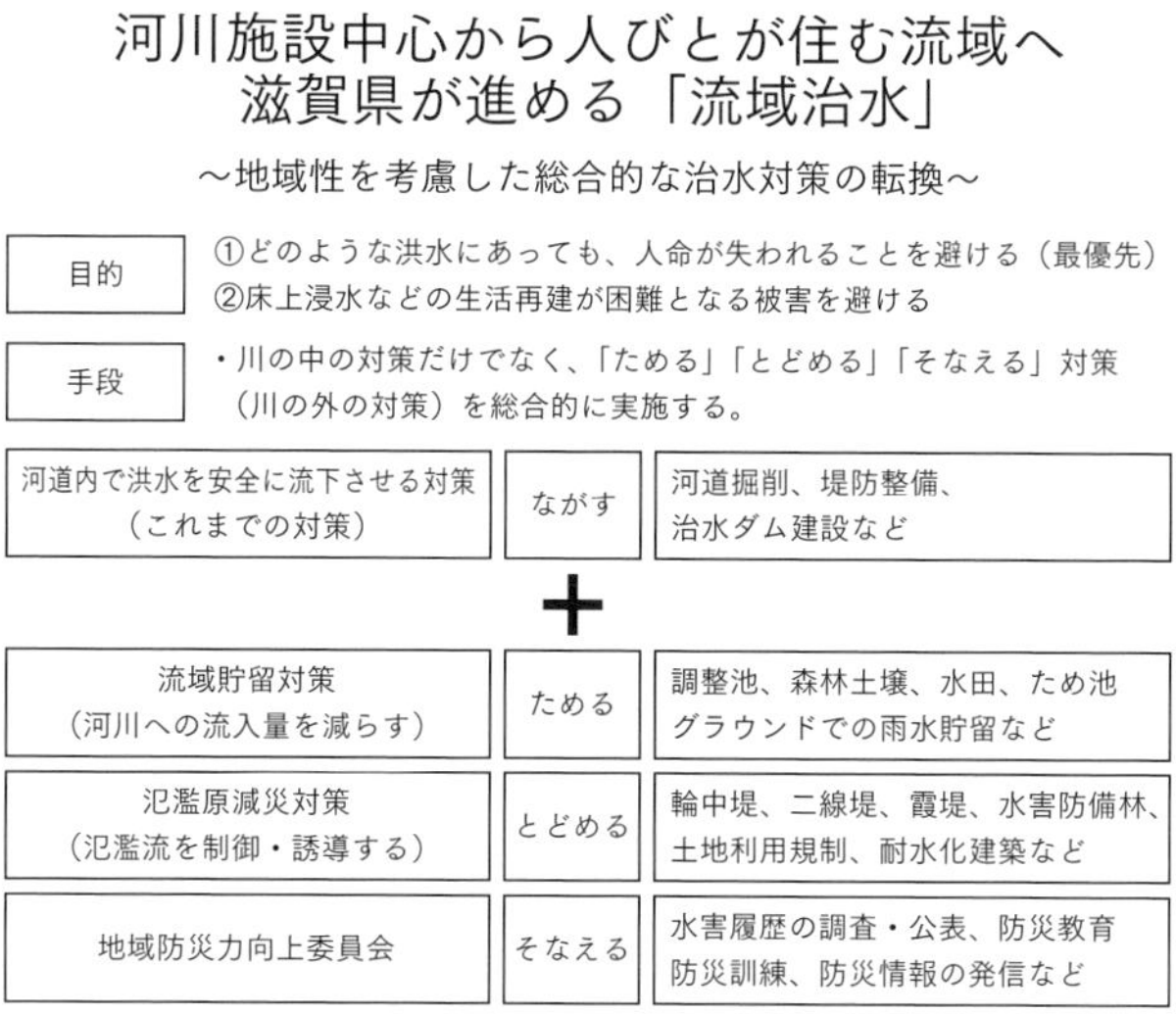

河川施設中心から人びとが住む流域へ

～地域性を考慮した総合的な治水対策の転換～

目的	①どのような洪水にあっても、人命が失われることを避ける（最優先）②床上浸水などの生活再建が困難となる被害を避ける
手段	・川の中の対策だけでなく、「ためる」「とどめる」「そなえる」対策（川の外の対策）を総合的に実施する。

河道内で洪水を安全に流下させる対策（これまでの対策）	ながす	河道掘削、堤防整備、治水ダム建設など

流域貯留対策（河川への流入量を減らす）	ためる	調整池、森林土壌、水田、ため池 グラウンドでの雨水貯留など
氾濫原減災対策（氾濫流を制御・誘導する）	とどめる	輪中堤、二線堤、霞堤、水害防備林、土地利用規制、耐水化建築など
地域防災力向上委員会	そなえる	水害履歴の調査・公表、防災教育 防災訓練、防災情報の発信など

図5　滋賀県の流域治水推進条例の4つの仕組み
資料提供：滋賀県流域政策局

滋賀県の「流域治水」の考え方は、上のような住民目線の徹底した地域調査と、フランスやアメリカ等、海外の河川流域での国際比較調査という、私自身の調査におけるローカルとグローバル両方の視点に起源があった。そこに淀川水系流域委員会での議論が加わり、2006年（平成18年）の滋賀県知事選挙での、マニフェストに反映することにした。そして二期八年の知事現職時代の仕上げの年、2014年3月に「滋賀県流域治水推進条例」が成立した。

滋賀県の流域治水の全体像を図5に示した。最優先の目的は「どのような洪水にあっても、人命が失われることを避ける」という人命最重視だ。また二点目は「床上浸水などの生活再建が困難となる被害を避ける」ことである。

こうした目的を達成するために、川の中の対策では「ながす」ことを優先する。河川改修や堤防強化など、既存の治水対策だ。しかしこれまでの河川政策は川の中の対策だけだ。そこに三つの流域対策を加えた。「ためる」「とどめる」「そなえる」だ。

「ためる」では、河川への流入を減らすための森林保全や水田、ため池やグラウンドでの雨水貯留を進める。山間部での巨樹巨木保全なども、集水域保全政策として進めてきた。特に滋賀県では「琵琶湖環境部」という部局をつくり、上流の森林の水源涵養から森林政策、下流部の下水道政策まで集水域の水系一貫の政策母体がつくられてきた。縦割りがここでは改善されていた。

滋賀県の流域治水推進条例で最も大きな議論となったのは「とどめる」対策である。氾濫原における土地利用と建物規制を含むものである。すでに「近い水」のところでみてきたように、古来水害に悩まされてきた地域では、「輪中堤防」や「二線堤」や「水害防備林」、あるいは「霞堤」などの工夫がなされてきた。またそもそも洪水が起こりやすい河川の合流地点などには住宅を造らない、という土地利用の工夫もなされていた。また万一そのような危険度の高いところに住宅を造る場合には、建築物を嵩上げして、「耐水化」するなどの工夫をしてきた。それゆえ、洪水は多いが、意外と人は死なないという水害対策が実現していた。

「とどめる」政策を明示化して条例にいれるにはかなりの議論があった。具体的には、「地先の安全度」の評価結果に基づき、床上浸水の頻発が予見される地域においては、「甚大な資産被害」を回避するため「原則として新たな市街化区域に含めない」とした。具体的には条例24条で、10年確率の降雨の際に50㎝以上の浸水が予測される区域は、新たに市街化区域には含めないと規定した。

さらに「とどめる」政策では、水害リスクの高い区域を「浸水警戒区域」に指定をして、区域内での住宅等の建築に際しては「耐水化」構造をチェックし、「人的被害」が予見される地域においては、「避難可能な床面が予想浸水面以上となる構造」を建築許可条件とした。具体的には条例の13条から23条で、最

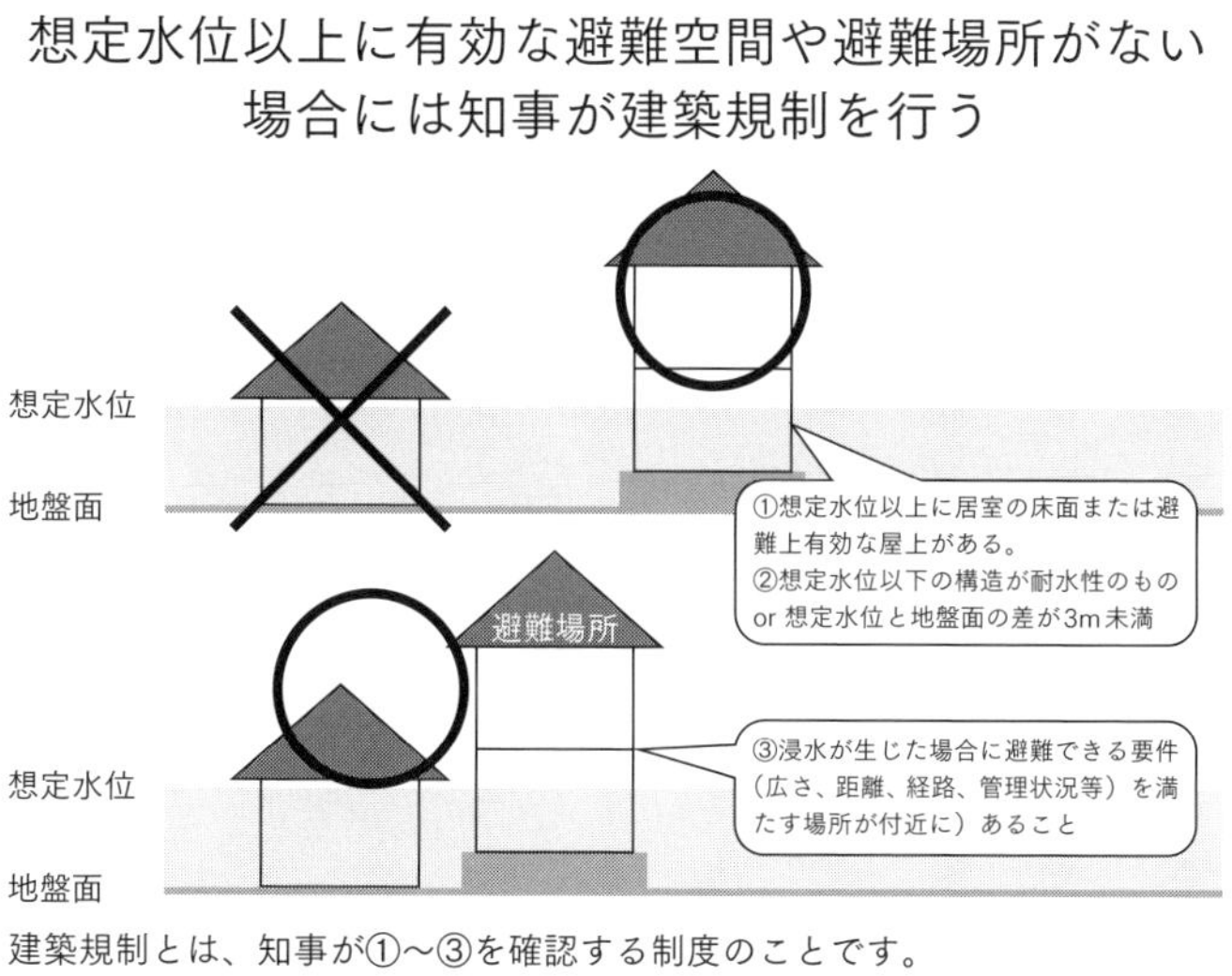
想定水位以上に有効な避難空間や避難場所がない
場合には知事が建築規制を行う
想定水位
地盤面
①想定水位以上に居室の床面または避難上有効な屋上がある。
②想定水位以下の構造が耐水性のもの or 想定水位と地盤面の差が3m未満
避難場所
想定水位
③浸水が生じた場合に避難できる要件（広さ、距離、経路、管理状況等）を満たす場所が付近に）あること
地盤面
建築規制とは、知事が①～③を確認する制度のことです。

図6　縦方向に避難するための建築規制イメージ図
資料提供：滋賀県流域政策局

悪の浸水時でも縦方向に避難が可能となるよう建物構造をチェックし、既存住宅の場合には建て替え時にはその費用について県補助の規定をつけた。また集落の中で集落避難所をつくる時には県からの助成措置も盛り込んだ（図6）。

ところが、県議会ではこの規定は「憲法違反ではないか」と大変大きな議論となった。個人の建物への規制は確かに「私的権限」の制限になる。しかし、今回、球磨川水害の溺死者調査を行ない、50名の溺死者のうち6割にあたる30名が平屋で溺死したという現実をみて、滋賀県での建築許可条件の厳重化は、「命を守る」という流域治水の本来の目的からして意味のあるものであった、とあらためてふりかえることができる。当時、この条例を設置するために県議会や市長会などの説得にあたってくれた滋賀県職員の苦労にあらためて感謝したい。

「そなえる」対策としては、地域防災力の向上が目的であり、「地先の安全度マップ」を活用して、

避難行動や水防活動の具体的な案づくりを行ない、防災訓練などを進め、命を守ることを目的としている。ここでは特に地域自治会内部でのかつて水害を経験した高齢者から子どもへの情報伝達や、学校内での防災学習など、すべての世代をまきこんだ「水害に強い地域づくり協議会」をつくり、そなえの仕組みづくりに力をいれている（図7、図8）。この地元の訓練においても、個別の家いえの浸水リスクがみえる「地先の安全度マップ」は大変有効に機能している。

流域治水推進条例制定が何度も県議会で継続審議になった大きな理由は二点あった。憲法問題とダムとの関係の二点だ。一点目の日本国憲法との抵触問題では、個人の私有財産保有に一定の規制をかけることになるため、行政としては規制の根拠を厳密に求められることになった。これまで日本で滋賀県のような条例がつくれなかったのは、広範囲にわたる水害リスク情報が整備されておらず、公平性の観点からこれ

図7　東近江市内の集落では高齢者が子どもたちに伊勢湾台風での被害を伝える「水害に強い地域づくり」ワークショップを開催
写真提供：滋賀県流域政策局

図8　近江八幡市内の小学生は通学路周辺の水路の危険性を調査
写真提供：滋賀県流域政策局

らの運用が困難とされてきたからだ。「とどめる」政策の土地利用規制や建物の耐水化は、①都市計画法、②建築基準法に則った行為であり、すでに昭和30年代~40年代にかけて、国も適切な法律の運用等について通達していた。滋賀県では、「地先の安全度」に関する正確度の高い情報が科学的根拠をもって整備されたことを契機に、かつての国からの通達の具体的な運用が可能となっただけでもある。新しさを主張しないということで憲法問題を回避した。

二点目は、河川内部でのダムなどの施設建設と氾濫原での各種対策を併行して進める、という方向を示したことだ。流域治水政策を、河川整備等のハード対策の代替案と扱わず、「重層的に」進めるとした点も特徴的であった。数十年来、氾濫原減災対策の必要性も広く指摘されてきたものの、本格展開には至っていなかった。これには、リスク情報の不足とともに、わが国の治水制度が有する特性が主な要因となっていた。河川管理に対する縦割りの行政責任が強調される現行法制度下では、「河川整備」と「氾濫原減災対策」とが二者択一になった場合、河川管理者の責務とされる河川整備が選択され、氾濫原減災対策が選択される余地はほとんどなかったのである。

そのため滋賀県では、氾濫原減災対策を積極的に展開するための政策的戦略として、河川管理とは分離して氾濫原管理を所管する組織である「流域政策局」を新設し、河川管理と氾濫原管理とを「二者択一」ではなく「重層的に」推進する行政システムを構築することを考えたのである。これは縦割りがちな国の組織ではできにくいことを、河川整備や土地利用、そして建物規制という部局を横断的につなぎ、横串政策が可能となる自治体ならではの強みともいえる。

2021年4月に国で成立した流域治水関連法も、上の二つの問題を内包している。一点目は、憲法問題をさけるための、土地利用規制や建物規制の元となるハザードマップの科学性の担保である。そのためには、滋賀県の「地先の安全度マップ」並みの緻密なリスクの再現性が求められる。二点目は、氾濫原管理者責任と河川管理責任を重層的に推進する行政システムの確立である。国では2010年に国土交通省の「河川局」が「水管理・国土保全局」に変わり、氾濫原管理の方向が明確に示された。2021年の流域治水関連法の具体的な政策実現が期待される。河川管理者が今も河川法上規定されている「基本高水」などの「定量治水」の限界を見極め、河川から溢れた水を氾濫原でどう受けもつのか、氾濫原での被害軽減をどう具体化するのか、今後の議論が必要となる。第5章で議論するように、「基本高水治水」の見直しという河川法の大幅な改訂が必要となる。

―4― 流域治水の出発点は生活者目線のハザードマップから

昭和30年代から氾濫原での土地利用規制や建物規制は意識されながら実現できなかったのは、法的規制をかけるための基本的で科学的なリスク情報が整備されなかったことが一つの原因でもあった。規制行政には根拠となるデータが必要となる。滋賀県でのハザードマップづくりでは、大河川だけでなく、農業用水路や下水道、また小さな水路などの水が溢れる施設をすべてカバーし、同時に土地の高低差などのすべての要素を重ね合わせて正確さを期した。

また名付けも「地先の安全後マップ」とした。この名付けは、行政目線ではなく、生活者目線である。これまでのハザードマップは、治水施設ごとの安全度から始まっていた。しかし、洪水を受けるかもしれない当事者である生活者の立場からは、個々の治水施設の安全性よりも、それらに囲まれた自分たちの家や土地の安全性を本来知りたいはずである。これは生活者目線で環境政策をつくってきた生活環境主義の

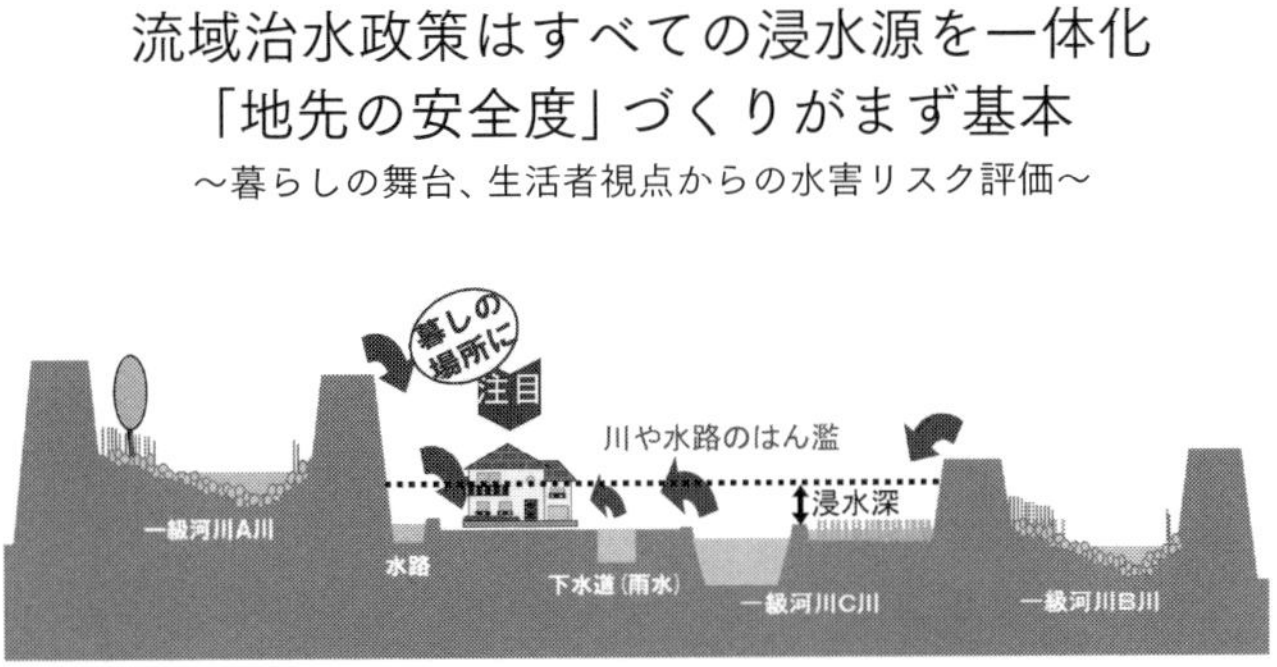

図9　滋賀県版ハザードマップは住民目線の「地先の安全度マップ」と名付けた
資料提供：滋賀県流域政策局

思想に基づくリスク評価でもある。

図9をみながら説明しよう。自分の家の周りには県や国が管理をする一級河川A川があり、ここの施設整備基準は30分の1確率（30年に1度溢れる）としよう。一方、近くに市が管理をする二級河川B川があり、ここの施設整備基準は10分の1とする。町の中には下水道も通り、ここも大雨では溢れる恐れがありその施設安全度は10分の1である。近所の農業排水路は5分の1、近くの溝は2分の1としよう。すると溝は2年に1度くらいは溢れるが、一級河川は30年に1度くらいしか溢れない。住民にとって水害被害は30年に1度くらい、と安心していいものか？

実際の降雨の時には、一級河川が溢れるかもしれないし、農業用水路が溢れるかもしれない。そもそもこの場所は土地が低いかもしれない。このような施設ごとの安全基準や土地の高低などのすべての要素を重ね合わせて反映させて、居住者目線で水害リスクを表わしたのが、「地先の安全度マップ」なのである。

地面高などのデータとともに、この安全度マップづくりは、河川部局だけではできない。まさに下水道担当や、農業用水担当など、縦割りをこえた連携が必須となる。マップづくりの担当者が最も苦労をしたのは、この縦割りをこえて横串をさすプロセスだった。ただ、農業部局も下水道部局も知事権限の下にあり、横串をさすデータづくりは、苦労はあったが現場職員の努力により実現した。このようなマップづくりは、国よりも都道府県レベルの自治体が担うべき仕事ではないか。ただし、国土地理院など国の組織による基礎データの提供と、国からの予算措置は重要である。

滋賀県全域でこのマップをつくり公表できるようになったのは2011年（平成23年）である。作成には県職員と民間とが協力をして数年をかけたが、この発表にあたっては、県議会や滋賀県内の市長会などから大きな抵抗を受けることになった。主な抵抗としては「地価が下がる」「知事は地価が下がる責任をとれるのか！」という意見が多かった。私自身は知事としては、危険性を住民の皆さんに知らせることは、土地を購入したり、家を建てたりする人たちにとっては望ましい情報提供であると考えてきたが、どうもそうではなかったのである。一生に一度、家が買えるかどうかという新住民や労働者の立場からはリスクの高い土地を知らずに購入したくないのは当然だ。ところが、昔からその地域に住んでいる人、つまり本家筋の旧住民の人たちにとっては、危険な地域はすでに知っており、あえて地図にしなくてもいい、地図にしたら土地を売却する時に不利だという。そして県議会議員や市長会などのメンバーの多くは本家筋の旧住民の方たちが多かった。しかし、滋賀県内の宅地建物取引団体と丁寧に話し合いをした結果、取引業者としては、このようなリスクを知ったうえで宅地取引することは自分たちも望むところだ、という意見が多くでてきた。

「地先の安全度マップ」は自助・共助・公助が一体となって水害にそなえるための生活者にとっての基礎情報でもある。たとえば「地先の安全度」に関する情報は、地域の避難の場所・経路・タイミング・避難方法の検討に活用できる。また、個人の不動産取引や転居・建替え、災害保険加入時の判断材料として自分事として生活者視点から役立てることもできる。

滋賀県では、「地先の安全度」を「10年確率」「100年確率」「200年確率」という発生確率により表現することとした。この指標は、生活者の立場からみると、万一被災した場合の生活復元力・回復力（レジリエンス）の指標ともいえる。

さらに憲法違反といわれる行政手続きをどう担保するか。特に200年確率で3m以上浸水する恐れがあるところは、自宅での溺死が想定される。溺死リスクのある平屋建物の危険を知らせることなしにそのままおいておくことはまさに行政としての「不作為」だ。そこで、図6ですでに示したように、3m以上の浸水リスクのある地域で、縦方向に逃げる空間のない住宅や福祉施設などの建設を知事として許可しない、という方向を定めた。幸い、国には「浸水危険区域」指定を行なう制度があり、この制度を自治体に援用することとした。

滋賀県内での最悪の浸水想定である200年確率によるマップを全域で作成したところ、3m以上浸水の恐れがあり住宅などがある地区は50か所あることがわかった。そこで、これら50地区を対象として「浸水警戒区域」指定を始めた。県と市と住民による緻密な話し合いに基づいて、最初の指定が実現したのは2017年（平成29年）6月の米原市村居田地区だ。その後、2021年（令和3年）までに、合計5か所まで拡大した。条例で指定をされると、宅地嵩上げ事業に必要経費の半額を県費で補助する仕組みをつくった。また地区として高台避難場所が有効と判断される場合には、避難場所整備に国と県と市町とで補助する仕組みもつくった。なお最新の地先の安全度マップは滋賀県のホームページにアクセスしたら市町別の地図が表示されるので、参考にしていただきたい。

民間的な土地取引を扱う宅地建物取引業者に対しては、条例の制定により、2014年（平成26年）9

月以降、水害リスク情報の取引時の開示が努力義務となったが、地先の安全度マップの活用は比較的前向きに受け止められている。たとえば、宅地開発業者の中には、リスクマップを活用してあらかじめ地盤の嵩上げをした住宅開発をして「安全住宅」として売り出している事例も出はじめた。また民間銀行でも、「流域治水推進住宅ローン」の工夫をする銀行も出現し、地先の安全度マップで水害リスクを回避できる住宅建設に対しては、ローン利率を低くする特典を付与する仕組みも産み出した。

アメリカやヨーロッパでは、過去の水害被害情報を開示しての不動産取引や、水害リスク情報ぬきには保険がかけられないという制度をもつ国がほとんどであるところをみると、滋賀県で成立した「流域治水推進条例」は、水害多発時代に命と財産を守るため、また甚大な被害を予防するためにようやく国際的なレベル、グローバルなレベルにまでアップしたものととらえることができる。これまで縦割りの河川政策の中で、本質的に命を守る政策が実現できなかった国での取り組みも期待したい。

国でも「水防災意識社会づくり」が２０１６年（平成28年）に始まり、２０１９年（令和元年）７月にはハザードマップを宅地建物取引時に情報開示することが政令として決まり、２０２０年（令和2年）８月28日から施行された。そして何よりも、２０２１年（令和3年）４月に成立した「流域治水関連法案」の成立により、ハザードマップを活用した土地利用規制や、建物の耐水化が進むことが期待される。

さらに教育場面でも小学校、中学校、高校の社会科や地理の教科書にもハザードマップの活用や災害対応の工夫が取り入れられるようになり、災害対策が、行政や政治だけでなく、住民の生活や豊かな流域づくりのための防災教育の領域にも広がりつつある。

―5― ハード、ソフト、ハート一体型の骨太で、楽しい国土保全思想を！

急峻な山岳地帯が多く、日本の多くの河川は滝のような急流が多い。また梅雨や台風など季節ごとの豪雨が多いのが日本の宿命でもあった。古代より私たちの先人は洪水を水害にしないという伝統的知識を積み重ねてきた。特に安土桃山時代から江戸時代の藩政村では、水田稲作を維持するために、地域ごとの利水と治水の知恵と工夫を重ねてきた。明治時代以降、近代化に伴う都市化の中で、洪水を河川の中に閉じ込める治水政策が主流となってきた。しかし、近年進む気候変動の下、これまでに経験しなかったような豪雨が毎年のように襲うようになってきた。河川の中だけで洪水を閉じ込めきれない現実の下、流域治水は、集水域である山岳部から氾濫原である平野部まで、流域全体で受け止める治水であり、国土の在り方を根本的に問い直す挑戦であるといえる。同時に、地球規模で求められるＳＤＧｓ（持続可能な世界を目指す地球規模のゴール）の目標には、生物多様性を維持しながら、自然災害からの被害を防ぐことが目的とされている。

本書第１章と第２章でもみてきたように、２０２０年７月の球磨川豪雨では50名が溺死した。上流に計画されていた川辺川ダム建設は凍結されていたが、もし川辺川ダムが完成していても多くの溺死者の命を救うことはできなかっただろうという推測を、私たちは地元被災者たちと、溺死者周辺の関係者への徹底した聴き取り調査で示してきた。ダムの効果は地形や降雨パターンにもよる。今回の降雨では、川辺川ダム計画地での降水量が比較的少なかったので球磨川本流の水位低下への貢献は少なかったと言わざるをえない。しかし滋賀県での流域治水のところで言及したように、流域治水とダム建設は二者択一ではない。ダムがあってもなくても、流域治水は有効で、今求められる治水政策である。

流域治水は、河川から洪水が溢れることを受忍し、私たちが暮らす土地利用や建物配慮、避難体制など、流域住民の総力結集が必要となり、住民には一見不都合な政策でもある。しかし、万一命を失うかもしれない当事者は流域住民であり、治水政策の行政的な意志決定の責任者である知事でもなければ、国土交通省の幹部役人でもない。いかなる洪水からも住民の命を守り、生活再建が困難となる激甚被害を最小化しようとする住民主体の政策が流域治水だ。制御すべき河川水量をあらかじめ決めて施設計画をたてる「定量治水」ではなく、「人びとの命を失わない」「人びとの暮らしを破壊しない」という住民生活目線に転換することである。

「定量治水」では計画規模を超えた「超過洪水」は、「想定外」として誰も責任がとれないし、責任をとらない。滋賀県の流域治水推進条例と、国の流域治水関連法の違いはここにある。「命と暮らしを守る」を滋賀県では明示的、かつ具体的に地域を指定して目的化しているが、国の流域治水では、抽象的に「命と暮らしを守る」とするが、具体的な視点が、あくまでも施設対応を中心とした河川管理者視点から抜け出せていないのだ。

今、人口減少社会を迎え都市部でさえ人間の居住空間が縮小している。そんな社会条件に即して未来世代を見据え、次世代に財政負担や環境破壊のツケ回しをしない水害政策が流域治水である。地域の生態系とのかかわりでみると、流域治水は、川べりの樹林帯、遊水地や湿地の価値を評価し、国土保全政策に組み込んでいく「グリーン・インフラ」方針にも適合し、環境保全と水害対策を同時に目指す未来先取り政策といえる。と同時に、いわゆる施設整備の「ハード事業」に加え、制度的な「ソフト政策」を加えて、さらにここは「ハート」政策を提案したい。つまり人と自然を「心でつなぐ仕組み」である。

古来、水に活かされ、水とともに生きてきた日本人にとっては、川にはアユやホタルが暮らしてほしい。そして魚やホタルを追いかける子どもたちの姿も取り戻したい。それには河川法のさらなる見直しと、第5章で大熊孝が言うような「国家の自然観」による流域治水にならないよう「住民主体の民衆目線の仕組み」を確実に埋め込む構想が求められている。流域治水の方向が、今後、骨太の人と自然の共生に向かうかどうかは、水との共生哲学に根差した、流域住民の「楽しい覚悟」にかかっている。そんなむずかしいことではない。しかめっつらをした、厳密な科学議論は国土計画を的確に進めるうえで必要ではあるが、十分ではない。それと並行して「川遊びは楽しい」「みんなで水辺に子どもや孫をつれていこう」という、日常生活の中での「365日の川とのつながり」の「ハート」つまり「心をつなぐ実践」こそ、十分条件として加えてほしい。球磨川でいえば、川下りやラフティングで渓流とつながる活動だ。渓流からはアユなどの恵みなど食の楽しみもいただく。自然と心をつなぐ実践は「遊びと食」が柱だ。

実は今回、高齢者施設で14名もの溺死者がでてしまった球磨村渡地区では、ラフティング会社の社員が屋根上に避難した人びとを、ラフティングボートを駆使して救った。その数は19名にのぼった。また球磨村の別の地域では、保育園の水遊び用プールをボート代わりにして逃げ遅れた人たちを救いだした。球磨川渓流遊びのカヤックで命を救ってもらった人たちも八代市坂本町にはいる。溺死者調査の現場をみせてもらいながら発想した。「この水は災いでもあるが恵みでもある！」と。

妄想かもしれないが、千寿園で車椅子でしか移動できない介護度4から5の溺死をした高齢者が、目の前の球磨川で日常的にライフジャケット（ライジャケ）をつけてラフティングで体の機能回復を目指して心からの水とのかかわりを楽しみ、高齢者施設の壁にライジャケがあれば、7月4日早朝7時過ぎに浸水した園内で、外部からの救援が来る11時過ぎまで水に浮かんで命をながらえたかもしれない。千寿園入所の高齢者のほとんどは子ども時代から、球磨川でのアユ釣りやウナギつかみや渓流泳ぎなどの経験があったという。今回、高齢被災者の過去の水辺遊びの聞き取りをさせていただき教えていただいた。

「ラフティング会社と高齢者施設」はご近所だった。でも日常的に社会的つながりはなかったようだ。かたや遊興・観光施設で外部からきた「よそもの」、かたや地元の高齢者福祉施設。でも「同じ地域に暮らすご近所」でもある。昔から日本では「遠くの親戚より近くの他人」といってきた。相互扶助の近隣社会関係の重要性が込められた格言だ。球磨川という川を介した社会関係がつくれていたらと思うと同時に、今後、地付きもよそ者もともに「球磨川つながりの地域共同体づくり」に展開していくことを期待したい。

今後は、地域から生まれた高齢者施設も、外から入ってきたラフティング会社も、この論考の最初で紹介したかつての稲作水田の村落共同体のような相互扶助組織にならないだろうか。そこで発想したのが「ライジャケによる流域治水」だ。保育園、幼稚園や学校だけでなく、高齢者施設でも「ライジャケ避難」ができたら楽しいと思いませんか？　ここで重要なのは、「ライジャケなどは子ども向きだ、高齢者がライジャケで、水中で遊ぼうなんて想像もできないという」といういわば「意識の壁」を超えることでもある。

実は２０１１年の東日本大震災直後、津波被災地に支援にはいったアウトドア総合メーカー・モンベルの辰野勇会長は、溺死被害の現場をみて、「ライフジャケットがあれば命を救われたのに！」という思いから「浮くっしょん」という商品を開発した。浮力体には耐久性と柔軟性にすぐれた素材を使い高い浮力が発揮できる。そして寝たきりの高齢者でも装着しやすいような設計になっている。すでに商品化されており自治体や公共施設などでの活用を期待したい。水辺での活動に活用するだけでなく、普段は家庭や職

図10 「浮くっしょん」で、友人と琵琶湖に浮かぶ著者（右、2021年7月11日）

場、学校などでクッションとしても活用可能だ（図10）。

流域治水の考え方には、利水も治水も生態系保全も、そして私たちの心が自然とつながるふれあい価値の楽しみを求めた遊びも埋め込まれている。「ハード」「ソフト」のインフラに加えて「ハート」、つまり心のつながりだ。流域治水の定着には、行政も住民も共に大きく変わらなければならない壁、しかもそれはみんなで一緒に「楽しく超える壁」であることを、自治体経営の経験者として語り伝えたい。皆さんのそれぞれの地域での「楽しい覚悟」を埋め込んだ流域治水の発想と実践、工夫をしながら展開されることを心から願います。

［参考文献］
鳥越皓之・嘉田由紀子編（１９８４）『水と人の環境史―琵琶湖報告書』お茶の水書房
嘉田由紀子（１９９５）『生活世界の環境学―琵琶湖からのメッセージ』農山漁村文化協会
嘉田由紀子・遊磨正秀（２０００）『水辺遊びの生態学―琵琶湖地域の三世代の語りから』農山漁村文化協会
嘉田由紀子・瀧健太郎他（２０１０）「生活環境主義を基調とした治水政策論―環境社会学の政策的境地」『環境社会学研究』16号、33―47頁
鈴木康弘編（２０１５）『防災・減災につなげるハザードマップの活かし方』岩波書店
鈴木康弘他（２０２１）「防災教育を活かす「地理総合」へ」『科学』Vol.91 No.5
高橋裕（１９７１）『国土の変貌と水害』岩波書店
高橋裕（２０１２）『川と国土の危機―水害と社会』岩波書店
篠原修（２０１８）『河川工学者三代は川をどう見てきたのか―安藝皎一、高橋裕、大熊孝と近代河川行政一五〇年』農山漁村文化協会
大熊孝（２０２０）『洪水と水害をとらえなおす―自然観の転換と川との共生』農山漁村文化協会

第5章

流域治水に求められる専門家の視点

民衆の知恵・水害防備林を見直そう！　大熊 孝

人命最優先の流域治水には地域主権改革が必要　宮本博司

治水のあり方から考える流域治水の重要性と球磨川水系河川整備計画への提言　今本博健

民衆の知恵・水害防備林を見直そう！
――「流域治水」の問題点とこれからの治水のあり方

大熊 孝

はじめに――「洪水」と「水害」の違い

「治水」を考えるうえで、まず「洪水」と「水害」の違いを確認しておこう。

「洪水」と「水害」は混同して使われている。一般的には、「洪水」は川から水が溢れ水害になることと考えられている。しかし、洪水とは川の流量が平常時より増大する自然現象であり、川が溢れたとしても人の営みがなければ水害にはならない。水害は人の営みに伴う社会現象である。この区別が「治水」のあり方に影響すると言っていい。

―1― 「本家の災害」「分家の災害」

水害の程度を表わす表現として、「本家の災害」「分家の災害」という言葉がある。本家は何世代も続く経験のなかから災害に遭いにくい所に立地しているものである。しかし、分家は後発ゆえに自由な選択ができず、災害に遭いやすい所に立地せざるをえない。要は、地形・地質は人に平等であるわけがなく、開発された時期が早いか遅いかが問題であり、災害は時間の蓄積の違いが影響するということである。「本家」と「分家」の違いは、人口が急増し、災害に遭いやすい所が急に開発されはじめた時点を目安にすればいい。人口変動があまりなかった江戸時代に立地した家は「本家」であり、明治時代以降の開発地に立地した家は「分家」と見なせばいい。今いる所がかつてはどんな土地利用がなされていたかを知り、災害に遭いにくいか遭いやすいかを確認しておきたい。最近は市町村からハザードマップが公表されており、自分の家が水害に遭いやすいかどうかを知ることができる。新たに家を作る時は、土地の履歴を知り、浸水実績があるならば氾濫水位を確認して、床上浸水にならない高床式にすべきということである。

—2— 現代の治水「基本高水治水」の問題点と「流域治水」の今後？

「治水」は、本来この「本家・分家の災害」を意識して、水害を防ぐことにある。しかし、現代の「治水」は、流域ごとに目標洪水を定め、それを水系一貫で堤防やダムで川の中に閉じ込める治水で、溢れることを想定していない。この目標洪水は、それぞれの河川流域で基準地点を定め、数十年から200年に1度の頻度で発生する何百㎜という降雨量を設定し、それが流域に降ったとして計算される最大規模の洪水のことであり、「基本高水《きほんたかみず》」と呼ばれている。この基本高水の定め方や、それをダムと河道に配分する手法は大変複雑で、問題点を簡単に理解することは難しい。ここでは、その基本高水治水にどんな問題点

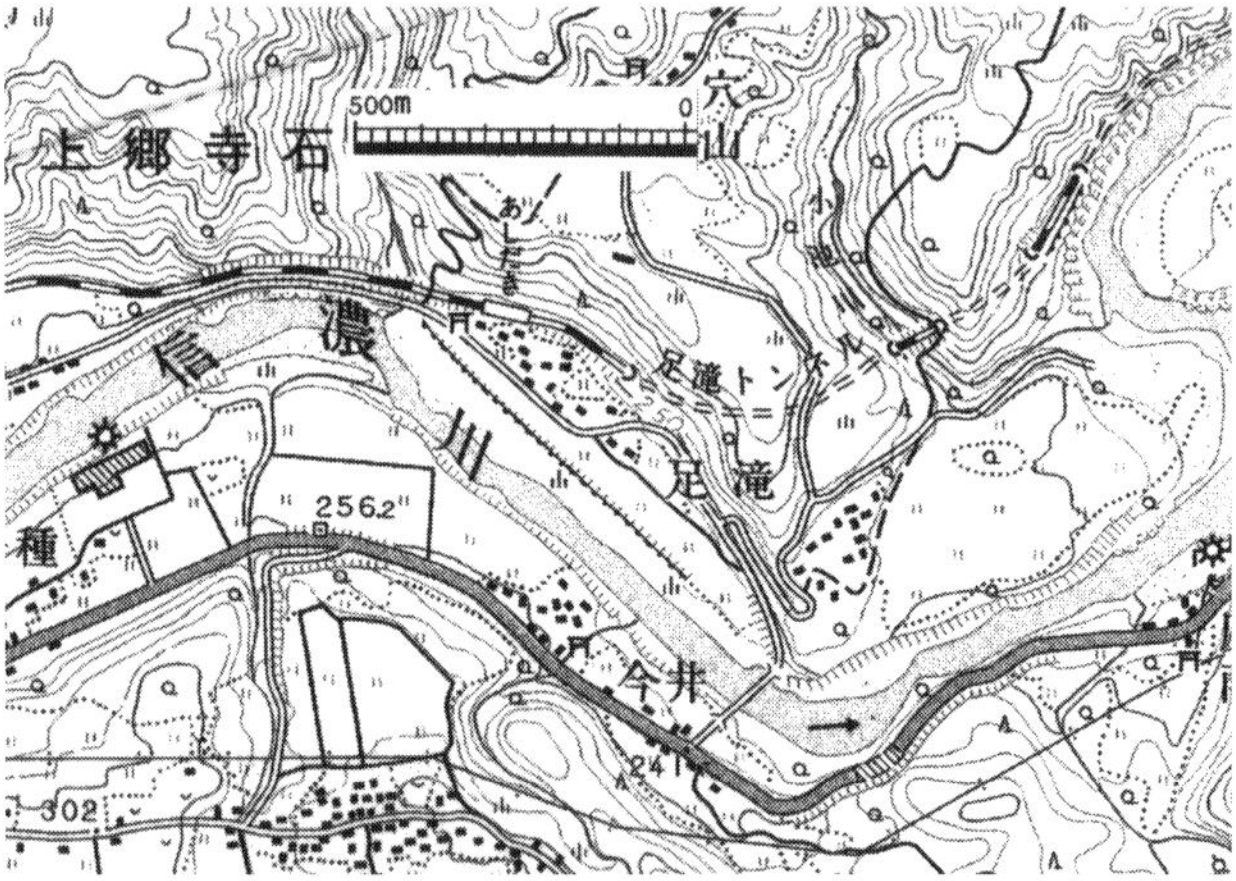

図1　信濃川左岸の足滝地区（新潟県津南町）
「足滝駅」の近くが下足滝、橋の近くの右手の高台の地区が上足滝
出所：国土地理院発行2万5千分の1地形図「信濃森」

があるのかを、信濃川の畔にある下足滝《しもあしだき》という小集落の堤防計画の事例からみてみよう。

　下足滝は長野県から新潟県に入った直後の信濃川左岸にある。足滝という地名は、足元を信濃川が滝のように流れる土地から付けられたとのことである。住宅9軒（うち非住家3軒）、住民13人、水田面積約1・2haの集落であり、飯山線の足滝駅も設けられている（図1参照）。私がこの足滝を最初に訪れたのは今から47年も前のことであるが、1982年（昭和57年）、1983年と水害に遭い、堤防が少し高くされてきた。その佇まいは悠久の循環する時間のなかに心安らぐ空間であり、「魂が還りたくなる景色」であると私には感じられた（図2参照）。ここが2019年（令和元年）10月13日に千曲川を破堤氾濫させたあの洪水が流下して堤防を越え、9軒のうち床上浸水3軒、床下浸水3軒の水害に見舞われたのである。信濃川は国が管理する一級河川であるが、ここは新潟県に管理が委任されている区間であり、新たな堤防計画が動き出した。図3はその堤防計画の規模を示す「丁《ちょう》張《はり》」であり、2021年（令和3年）5月1日に公開さ

図2　「魂が還りたくなる」ような下足滝の景色
写真左側が信濃川。遠く尖って見えるのが山伏山（903 m）
撮影：大熊孝、2021年8月

図3　信濃川左岸の足滝地区（新潟県津南町）の丁張で示された堤防計画
写真右側が信濃川
撮影：大熊孝、2021年5月

れた。堤防建設費は10億円を超えるとのことである。住民はその大きさにびっくりしており、この堤防が造られれば、用地買収で水田が潰れ、景観が悪化し、さらに高い堤防によって川風が変化し、おいしいコメが作れなくなると、この堤防計画を考え直すように要望している。

従来、基本高水は「河川における憲法」であり、行政側としては「護ってあげる」という感覚で、治水計画は進められてきた。下足滝集落は、この計画に対して集団移転も考えたが、移転地は行政が用意してくれるとしても、家は自費で建設しなければならず、集団移転はあきらめた。高額な堤防建設費は税金で賄えるが、個人の家の建設費は安くても税金の支出はできないということである。こういう事例をみると、行政の政策に柔軟性と優しさが欠如しているように思われてならない。要は、巨大堤防建設という「治水」が、住民の持続的生存をおびやかしているという矛盾を呈しているのである。

これが従来の「基本高水治水」であり、妥協の余地なく、ダムが造られ、堤防が造られてきた。しかし、現実には近年堤防が破堤するなど大水害が多発しており、国土交通省は２０２１年（令和3年）４月に流域治水関連法を策定し、新たな治水政策に舵を切りつつある。「流域治水」では、従来の堤防やダム、河道掘削、遊水池などのハード対策に加え、洪水が溢れることを想定して、住宅や高齢者施設の耐水化や高台移転、建築規制などのソフト対策、さらに水田地帯に一時的に豪雨を貯留する「田んぼダム」など、今までにない施策を提案している。「水害」を防ぐことを考え始めたと言っていい。

この下足滝地区でも、この「流域治水」の追い風を受けて、地元住民を入れ、筆者を座長とした「足滝地区堤防整備検討会」を立ち上げ、治水のあり方を再検討することになった。これがどんな結論に導かれるのか、現段階では予想がつかないが、住民を交えて治水のあり方を検討するということは、画期的なことである。

しかし、今話題となっている熊本県の川辺川ダムや立野ダム、長崎県の石木ダム、滋賀県の大戸川ダムなどでは、従来の「基本高水治水」が堅持されている。換言すれば、「流域治水」が唱えられても、目標とする基本高水に変更がないかぎり、やはりダムや巨大堤防の整備が推し進められ、川の周辺環境が破壊され、川と流域住民との関係性が断たれようとしていることには変わりはない。

それでは、どのような「治水」を行なえばいいのであろうか？

私は、明治以降の営々と積み重ねられてきた河川改修工事で、それぞれの河川で常習的な水害は克服され、それなりの治水安全度が達成されているとみている。それを前提として、数十年に一度発生するような大洪水に対しては、河道から洪水が溢れることを受け入れ、命を守ることを第一に、被害を最小限に抑える方策を取るべきであると考えている。それぞれの地域で目前の河川を眺め、そこで少しでも安全度を高められる方策をとり、それを積み上げていくことである。その場合、上下流、左右岸で対立が起こるかもしれない。それは徹底した議論で妥協点を求めるしかないし、行政が本気になれば、その解決は不可能でないと考えている。

―3― 河川法で位置づけられた「樹林帯（水害防備林）」の復活に期待する

この妥協点を探るうえで重要な治水手段は伝統的な「民衆の知恵」ともいうべき「水害防備林」でないかと私は考えている。水害防備林は、日本の各地で古くから採用されてきた手法であるが、実は1997年（平成9年）の河川法改正時に、第3条に「樹林帯」として明記されているのである（図4参照）。水害防

図4　河川法第3条に定められている樹林帯

上の右下の小図は、水害防備林があるので越流は穏やかになるはずであるが、波立っている。左上の小図は堤防が壊れる激流であるが、波立っていない。この図は、水害防備林への認識の甘さが露呈しているといえる

出所：監修建設省河川局「新しい河川制度の構築　平成9年河川法改正」

図5　桂川右岸堤防桂離宮の笹垣。写真左側に桂川がみえる
撮影：大熊孝、2004年12月

備林があれば、洪水が堤防を越流して、浸水は避けられないとしても、洪水の流勢を殺ぎ、土砂の流入を抑え、破堤を防ぎ、被害を最小限に抑えることができる。

水害防備林は、今は限られた河川にしか残されていないが、その典型的な事例として京都の桂川右岸にある、国宝ともいうべき桂離宮の「笹垣」を紹介したい（図5参照）。この「笹垣」は、ブルノー・タウト（1880～1938年）が永遠なる美として絶賛したものであるが、堤防法面に生えている竹を生きたまま折り曲げ、垣根に仕上げたもので、ところどころ欅《けやき》が植えられており、水害防備林そのものである。

桂離宮が何度も水害を受けたことは、庭園内の低所にある茶室・松琴亭の床の間に浸水痕跡が10本以上あることで明らかである。しかし、母屋ともいうべき「書院」は高床式で、床上浸水を受けたことはない。また、「笹垣」で激流が抑えられ、土砂が除去されるので、松琴亭は破壊されたことはない。桂離宮は皇族の別邸であるが、400年の時空を超えて、「民衆の知恵」ともいうべき水害防備林で護られてきたのである。先述した下足滝も、可能ならば、この水害防備林で護ることが最適なのかもしれない？

ただ残念ながら、1997年（平成9年）の河川法改正後、「樹林帯」を治水計画の中に取り入れた河川はない。むしろ水害防備林の伐採が進んでいる。

水害防備林は、かつては川沿いの住民が薪炭利用を兼ねて「民衆の知恵」として維持管理してきた。現在ではその利用がなく、流域住民による維持管理は難しく、治水策になりえないという見解がある。しかし、河川堤防では年に1、2回草刈りが行なわれている。それと同程度の費用をかければ、水害防備林の維持管理も不可能ではないだろう。ハードの施設に頼り、川の生態環境を破壊してきた「基本高水治水」から脱却するためには、「民衆の知恵」に頼るしかないと考えている。

—4— 2020年7月球磨川水害が投げかけたこと——「本家の災害」時代の到来か？

2020年（令和2年）7月に発生した熊本県の球磨川水害は過去経験したことのない洪水に襲われ、死者50人、浸水面積約1150ha、浸水家屋約6280戸の大被害を発生させた。

今回の球磨川洪水の特徴は、球磨川本川に対し肋骨状に流入する支川群が豪雨で一気に増水し本川に流入したため、本川の上流から下流までほぼ午前7時頃に急激に水位が上昇し、深刻な被害を受けたことである。そのため、「仮に川辺川ダムが完成していたとしても、下流の洪水低減には役立たなかった」と私は考えている。また、死者50人のほとんどは支川の洪水氾濫と渓谷部の急激な水位上昇に原因するものである。そのことは、本書の別稿で明らかにされている。ここでは球磨川流域の中心都市である人吉市の水害状況から、今後の対策を考えてみよう。

人吉市の中心街は、球磨川のコンクリートのパラペット堤防で護られていたが、洪水はそれを2mも越流していた。私がいままで見分してきた堤防越流水深はせいぜい数十㎝でしかなく、今回の人吉での2mという越流水深は初めての経験である。越流水深が大きいと、流勢が強く、土砂の流入が多く、被害が大きくなり、川沿いの建物は「全壊家屋」が多くなる。ただ、パラペット堤防は頑丈で破壊しておらず、〝木っ端微塵〟の全壊家屋はほとんどない。柱や梁の骨組みが残っていれば、復旧はやりやすくなる。

120年前の人吉の地形図をみると、ほとんどが水田地帯であり、この水田地帯が開発され宅地化した所が浸水被害の中心である。この点では、人吉の水害も「分家の災害」と言える。しかし、人吉市街の中心部にある国宝の青井阿蘇神社は、本殿は床上浸水を免れたが、楼門や拝殿が1・5mほど水没した。同神社は1200年の歴史を持ち、宝暦5年（1755年）に詳細は明らかでないが今回と似たような浸水を受けたとのことであるが、300年ちかく水害に見舞われていなかった。また、江戸時代に開発された旧市街もいままでにない浸水被害を受けた。今回の洪水は、われわれの知りうるかぎり過去最大級の水害であり、「本家の災害」と言わざるをえない。人吉市街部の堤防はコンクリート製パラペットの〝越流しても破堤しない堤防〟であったが、それだけでは対処できない段階にきている。このような天災ともいうべき災害に対応するにはどうしたらいいであろうか？

究極の水害対策は、洪水で形成された沖積平野に人が住まないことであろう。しかし、今後の人口減少を想定しても、その実現は無理であろう。結局は洪水氾濫地域に人は住み続け、大洪水には河道から洪水が溢れることを前提として避難し、被害を最小限に抑える方策しかないと考える。このような洪水に対しては、最も有効な治水策は、桂離宮を守り続けている、「民衆の知恵」の結晶ともいうべき「水害防備

図6　濁水中の歩行訓練
ライフジャケットが命を救う
写真提供：河川愛護団体リバーネット21ながぬま

林」しかないだろう。

実は、球磨川支川・川辺川に現存していた水害防備林が、２０１９年（令和元年）に「国土強靭化」の名のもとに洪水流下能力の阻害いう理由で伐採されてしまい、２０２０年７月の洪水で土砂が流入し、被害が拡大した。国交省には、河川法第３条の「樹林帯」を重要な治水策として、実行する意思を示してもらいたい。少なくとも、現在残されている水害防備林は、伐採することはやめ、その維持に努めるべきである。

おわりに

この原稿を書いている最中、各地で豪雨が発生し、洪水氾濫が発生している。氾濫濁水の中を避難する場合、杖を持つこと、ライフジャケットを着けることが命を救う（図6参照）。杖は、マンホールや側溝などの窪みを発見できる。ライフジャケットは、きちんと身に着けているかぎり子どもから老人まで溺死することはほとんどない。ハザードマップで浸水が想定される地域では、各家庭で人数分のライフジャケットを常備することを強く薦める。それが命を救う決め手である。

水防五訓

1. 水防は、地域の守り、地元の仕事
1. 水防は、日ごろの準備と河川監視から
1. 水防は、危険がつきもの、必ずつけよう命綱
1. 水防は、我慢が肝心、一時の辛抱、大きな成果
1. 水防は、減水時の破壊多発、油断大敵

（1991・5・19　作成：大熊孝）

個人水防心得五訓

1. 調べておこう、自宅のまわりの氾濫実績
1. 大雨きたら、まず灯りと水と食料の準備
1. ハイテクの自動車浸水に弱し、車での避難、要注意
1. 濁水の下の凸凹みえず、片手にころばぬ先の杖
1. 氾濫の引き際に、泥・ゴミ掃除忘れずに、後始末大変

（1992・5・29　作成：大熊孝）

人命最優先の流域治水には地域主権改革が必要

宮本博司

はじめに――国交省、治水計画全面見直しは不十分

２０２１年（令和3年）6月28日の京都新聞に「国交省、治水計画全面見直し」という記事が掲載されていた。

温暖化による降雨量の増大と海水面の上昇が、治水計画に大きな影響を与えることは少なくとも30年前には国土交通省（当時は建設省）内で認識されており、議論は繰り返されてきたが、それに対する対応は先送り、先送りとなっていた。

近年全国各地で想定外の大雨が降り洪水被害が頻発していることから、これまでの治水計画を見直すことは遅きに失しているとはいえ、ようやく本格的に取り組みだしたかと期待したのだが、その内容をみて愕然とした。温暖化により平均気温が上昇することに伴い治水計画の想定雨量を現在の1割増しに設定するというのである。これでは、1割増しに想定した雨量以上の大雨が降れば、今度は2割増しにします、3割増しにしますとイタチごっこを繰り返すことが目に見えている。

これまでの治水計画では、計画想定雨量を過去の降雨量のデータから統計解析し、その発生確率をもとに算定している。自然現象自体、いつ、どこで、どのような規模で発生するかわからないものであり、たかだか100年程度のデータをもとに検討して50年に1度の降雨とか100年に1度の降雨と算定すること自体、自然現象に対する人間の傲慢である。過去何百年、何千年の間には私たちの経験や知見をはるかに超えた大雨が降ったこともあろうし、これからもそのような大雨が降ることを畏怖し、これまでの治水計画を抜本的に見直すべきである。以下では、常に人間の想定を超えた大雨が降るということを踏まえて、何を最優先で守るべきか、そのためにはどのように対応するべきかについて述べる。

—1— 治水の目的は洪水から人命を守ること

治水の目的は、洪水から人命を守ることである。洪水により家屋が浸水し、家財道具が水浸しになり、泥にまみれることは住民にとって大変なことである。商店や工場の浸水、交通機関のマヒなどは地域に大きな経済的なダメージをもたらす。このような被害の軽減は望ましいことに違いない。しかし、人命を守ることも財産や生活を守ることもどちらも大切であるというお題目で、これまで限られた予算や時間が総花的に使われ、結果的に人命を守ることが蔑ろにされてきた。あくまでも治水の第一の目的は洪水から人命を守ることであることを明確にしなければならない。

それでは、どのような洪水から人命を守るのか。大災害のたびに「想定外」「未曾有」という言葉がでてくるように、洪水はいつ、どのような規模で発生するかわからない。自然現象については、想定外が生じることを想定しなければならないのである。想定外だから人命が失われても仕方がないという割り切りはできない。

次に守るべき人命とは、言うまでもなく百年先の人命ではなく、現在生きている住民の命である。治水百年の計とは、百年先の姿を想像しつつ、今生きている住民の命をいかに守るかということであり、現在の住民の命はさておき、絵に描いた治水計画が百年後に実現すればいいというものではない。

重ねて確認する。治水の目的は、いつ、どのような規模で起こるかわからない洪水から、現在生きている住民の命を守ることである。

なお、この目的を明確にして治水対策を行なえば、結果的に住民の命だけでなく、資産や経済活動へのダメージを軽減することができるし、また現在生きている住民の命だけでなく100年先の住民の命を守ることにも資するのである。

―2― 現行の治水計画では現在生きている住民の命は守れない

現行の治水計画は、想定した規模の洪水（基本高水流量）の一部を上流域のダムで調節し、残りの流量（計画高水流量）を河道で流下させることが基本となっている。

想定した流量を流下させるために、河道では拡幅、掘削、堤防構築・嵩上げなどが行なわれ、計画どおりに完成した河道において、想定した流量が流下した際に河川管理者が設定した仮想水位（計画高水位）以下の水位であれば洪水が安全に流下できるように設計される。つまり、想定洪水を対象に、ダムが想定どおりに調節でき、河道が計画どおりに完成すれば、想定洪水は仮想水位以下で安全に流下できるようになるという理屈である。

このような治水計画では、仮に将来計画どおりにダムや河道が完成したとしても、想定以上の洪水が発生すれば、水位は仮想水位を上回り、堤防は破堤し人命が失われ、「想定外の洪水だったので、仕方ありません」になってしまう。さらに、治水計画が完成するためには、多大なコストと長い時間を要するので、明確な計画完成年次が設定されないまま、いつの日にか完成するとして継続的に工事が行なわれているのが実情である。したがってほとんどの河川では、たとえ想定どおりの洪水であったとしても洪水位が仮想水位以下に収まる保証はまったくない。それどころか近年の那賀川や千曲川の破堤にみられるように、現状ではいたるところで洪水が堤防を乗り越える危険性がある。ちなみに多くの住民の命が奪われる堤防の破堤原因の7割から8割は、洪水が堤防を乗り越えたこと（越水）に起因する。

明日にでも想定外の洪水が発生する恐れがある。想定した洪水をいつ完成するかわからないダム建設と河道改修により仮想の水位以下にするという机上の数字のつじつま合わせ的治水計画では、いつ、どのような規模で起こるかわからない洪水から、現在生きている住民の命を守ることはできない。想定外の洪水をも想定して、まずは多くの住民の命を失うことをもたらす堤防の破堤から住民の命を守ることに最優先で取り組む必要がある。

―3― 堤防強化が軽視されダム建設が重視された

現存するほとんどの堤防は土砂を積み上げただけのものである。堤体の中にコアになるものは入っておらずきわめて脆弱な構造であり、水の浸透や水流による浸食に対しては、川側の斜面に護岸等を施工して

図1　仮想水位（計画高水位）以下のみ護岸を施工（鴨川護岸）撮影：宮本博司

いる。

前項で述べたとおり、現行の治水計画では仮想水位（計画高水位）以下の水位で洪水が安全に流下できるように設計されており、一般的には護岸も計画高水位以下でしか施工されていない（図1参照）。

いくら河川管理者が計画高水位以下に水位を抑えることが計画だと言ったところで、自然現象である洪水が河川管理者の言うことを聞くはずはなく、洪水位が計画高水位を超えれば堤防は破堤するのである。破堤を防ぐためには、堤防の計画高水位以上の斜面も護岸等で補強するべきであることは子どもでもわかる。また、越水により人家側の堤防斜面が削られることが破堤の原因の7、8割であることから、越水破堤を減じるためには人家側の斜面を補強しなければならないことは素人でもわかる。

このことから、国土交通省は1998年（平成10年）度の重点施策として、堤防の越水対策を進めることを発表し、2000年3月には越水対策の堤防設計マニュアルを策定した。そしてこのマニュアルに基づき全国各地の河川で堤防の越水対策工事に取り組みだしたのである。ところが、2002年7月、

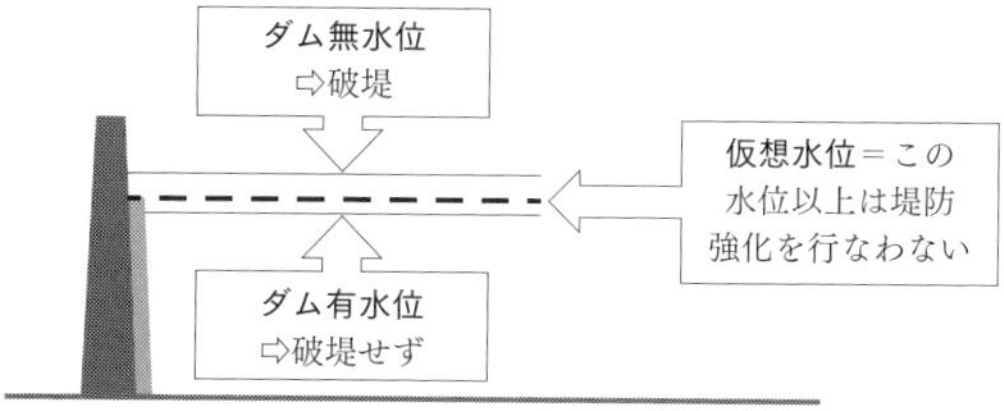

図6　仮想水位より少し高い水位を、仮想水位より少し下げるだけで、破堤を防ぐというダムの効果を生み出すトリック

国土交通省は突如このマニュアルを廃止し、以降堤防の越水対策はタブーとされてきた。破堤を防ぎ、洪水から人命を守るためにもっとも緊急的に実施されるべき対策がなぜ急転直下タブーとなったのか。その理由は、ダム建設である。

現在凍結から再開に向けて動き出している大戸川《だいどがわ》ダムが淀川沿川で約9兆円の被害額を減じるからという説明に大阪府知事が同意したように、ダムの必要性は、想定洪水に対してダムがある時とない時でどれだけ氾濫被害が減じるかで論じられる。

この被害額計算には、ひとつの前提が重要な役割を果たす。河川管理者が設定した仮想水位（計画高水位）を洪水位が1cmでも超えれば堤防は破堤するという前提である。先に述べたように堤防の補強は計画高水位以下の斜面でのみ行なわれることから、補強していない計画高水位以上の堤防斜面に洪水位が達すれば堤防は必ず破堤するということになっている。大戸川ダムの場合、ダムがなければ淀川の河口から13km付近で洪水位は計画高水位より約18cm上回り、左右岸の堤防が破堤して莫大な被害が生じる。ところがダムがあれば洪水位は約20cm低下し計画高水位以下となるので破堤せず被害額はゼロとなるというのである。すなわち、想定洪水に対してわずかに洪水位が計画高水位を上回りさえすれば、ダムが洪水位をわずかに下げるだけでダムの効果は膨大な額を計上することができるのである。これが、ダムの効果を膨れ上がらせる絶妙な〝トリック〟である（図2参照）。計画高水位以上の堤防斜面を補強したり、越水しても堤防が破堤しない対策を講ずればダムの必要性を説明できなくなることから、計画高水位以下しか堤防補強はしてはならない、それ以上の堤防補強はタブーになるのである。

実際、1998年（平成10年）当時国土交通省内で堤防強化の議論をしていた時、「堤防強化、特に越水対策を行なえば、ダムの説明ができなくなる」という意見が出た。しかし当時は、ダムの説明よりも、住民の命を守る対策を優先してやろうという意見が大勢を占め、堤防の越水対策を重点施策として発表し本格的に取り組んだ経緯がある。それにもかかわらず、強烈などんでん返しがなされたのは、川辺川ダムについて球磨川の堤防強化を行なえばダムは不要になるという住民団体からの批判に対して持ちこたえられなくなったことによる。住民の命を守る対策を意識的に行なわず、ダム建設を優先する「高度な判断」がなされたのである。

―4― 洪水から住民の命を守る治水対策は洪水エネルギーの分散である

国土交通省は、ダム建設のためのトリックを計画立案の要として、堤防の越水対策について今も頑なに取り組もうとしていない。これでは、いつ、どこで、どんな規模で発生するかわからない洪水から住民の命を守ることはできない。

先に、堤防強化について述べてきたが、これは土砂を盛り上げただけの脆弱な現状の堤防の破堤を防ぐための緊急的かつ最小限の対策の必要性を強調したのであり、堤防を強化して川の中に洪水を抑え込もうという趣旨では決してない。

洪水が想定どおりに発生するのなら、ダムと堤防で洪水を抑え込むことは可能である。しかし、何度も言ってきたとおり自然現象である洪水は、必ず人間の想定を超える。人間の想定を超えるものを力で抑え込むことはできない。洪水に対していかにダメージを小さくするか、すなわち「防ぐ」ことから「凌ぐ」ことへと発想転換をしなければならない。

次に記したのは、中国夏王朝の初代皇帝であり、黄河を治めたことにより治水の神とあがめられている禹王の言葉として伝えられているものである。

分一為九以分殺其激勢（一つの河を九河にすることでその激しい勢いを分殺する）
万世治水之法此其準則（万世治水の法はこれがその準則なり）

4000年前の禹王の言葉が伝えているのは、治水の根幹は洪水エネルギーの分散であるということである。人間の想定を常に超える自然の脅威に対して、真っ向から力で抑え込むことはできず、洪水のエネルギーを分散することが治水の基本的な方策であり、エネルギーを分散させるからこそ想定外の事態が生じてもダメージを軽減することができるということである。

このような考えは、中国だけでなくわが国においても、先人の知恵として伝わっている。「信玄堤」として名高い武田信玄が行なった治水も土地利用に応じて守るべき箇所は守るが、河川を緩やかに氾濫させることにより、できるだけ洪水エネルギーを分散させるという方策である。洪水を力で抑え込もうとするのではなく、洪水をいなし、凌ぐという発想によるこのような治水は、わが国においても古来全国各地で行なわれていた。

ところが、明治以降に取り組まれてきた近代治水事業では、堤防を連続的に構築し、川の中に洪水を押し込め、できるだけ早く海に流そうとした。これは洪水エネルギーを川の中に集中させるものであり、禹王が示す万世治水の準則やわが国において営々と行なわれてきた治水方策とは正反対の考え方である。

実際に、先人の知恵であった野越し（洪水時に一定以上の水位になると、洪水を溢れさせるために部分的に高さを低くした堤防）や霞堤（洪水を穏やかに溢れさせるために堤防を連続的につなげない工夫）を連続堤防に変え、洪水エネルギーを川に集中させ、沖積平野である下流域に高い堤防を構築して洪水を川の中に押し込めようとしてきたことは、結果的に住民が命を失う危険性を格段に高めてしまった。さらに、堤防が破堤すれば多くの人命が失われる危険な地域に人を住まわせ、街をつくっていったのである。

このようなきわめて危険な状況を将来世代に引き継いではいけない。現存する堤防の越水に対する応急的な補強と同時に、洪水エネルギーを流域に分散させる根本的な治水方策の転換を図らなければならない。

—5— 流域治水への転換で現在生きている住民の命を最優先

流域治水は、森林や農地の保水機能を維持向上させ、都市域で積極的に雨水を貯留し、できるだけ川に洪水エネルギーを集中させず、川が溢れやすいところや浸水の発生しやすいところは、その特性を住民に周知して特性に応じた土地利用や街づくりの方策を講ずるなど、流域全体においてハード、ソフトさまざまな方策により、いつ、どのような規模で起こるかわからない洪水から、現在生きている住民の命を守ることを最優先に取り組むものである。

具体的には、森林の保全・再生、農地の保全、遊水地の確保、都市施設における雨水貯留機能の確保、連続堤防方式からエネルギー分散型への河川改修方策の見直し（越水を前提とした堤防強化が不可欠）、氾濫危険性に応じた土地利用誘導や街づくりの見直し、土地利用制限と連動した地域振興策や税制の導入、農業水路、下水道、河川などすべての施設を考慮した氾濫シミュレーションに基づくきめ細かな避難体制の整備等々の取り組みを行なう。

このような流域治水の取り組みについては、従来何度も国土交通省の河川部局内で議論されてきた。しかし、根本的な転換ができなかった主な理由は、①森林、農地、市街地を含む地域全体にわたる治水対策や土地利用、産業政策や税制などを総合的に検討することを妨げてきた縦割行政と、②治水計画の根本的な転換により、従来進めてきた治水事業の説明が困難になり、結果的に個別事業を中止せざるをえなくなることに対する抵抗である。

このような理由から、流域治水については考え方としては総論賛成であるが、各種調整に時間がかかる等々の理由で先送りをし、何もしないままに従来の治水計画を進めてきたのである。

―6― 流域治水の実現には地域主権制への転換が必要

いつ、どこで、どのような規模で発生するかわからない洪水から住民の命を守るためには、川の中だけに洪水を押し込める対策では限界があることはもはや自明である。洪水を流域全体で受け止め、洪水エネルギーを分散させることによる住民の命を守る流域治水への転換が、縦割行政と個別事業への影響に対する抵抗により阻まれ先送りされてきたことは、私たち世代の重大な不作為である。

では、どのようにして実現していけばいいのか。全国に先駆けて流域治水条例を制定した滋賀県では、さまざまな洪水シミュレーションにより地域ごとの危険性を明示し、その危険性に応じて人命を守ることを最優先にさまざまな対策を講じるとともに、危険性が大きい地域における土地利用規制を行なうことに取り組んでいる。

滋賀県が流域治水への転換を進めることができた要因は、①洪水から住民の命を守ることを最優先とすることを知事はじめ県職員が明確に共有したこと、②その共有認識のもとに流域治水を推進する部局を設置し、県庁における治水の縦割行政を総合行政化したこと、③流域治水の理念に沿った優先順序を踏まえて、既存の事業（芹川ダム等）を果敢に中止したことである。

このような滋賀県の取り組みも、決して容易に進められたわけではなく、県下自治体や県議会などの厳しい抵抗があった。しかし、県という比較的小さい行政単位だからこそなんとかやり遂げることができた。それでは流域治水への転換を国が主体となって行なうことはできるのだろうか。私は率直に言って、非常に困難だと考えている。なぜならば、現在の国の行政システムは依然として強固な縦割行政であり、この制度を変えることは国の行政システムを根本的に改革することであり、現状ではとてもできそうにないからである。

最近、国土交通省が流域治水を推進すると言っているが、しょせん浸水の危険性のあるエリアでの住宅建築を許可制にする程度であり、農水省、経産省、財務省、総務省等々所管の事業や施策を含めて治水の観点から流域の姿を変え、地域の産業構造を変え、住民の生活の仕方を変えるという発想はない。

流域治水は、住民の命を守るために総合的にかつ地域の実情を踏まえてきめ細かくさまざまな施策を実施しないと実現できない。またそのためには、住民との十分な情報共有、意思疎通が不可欠である。このようなことを行なうことができるのは、より地域に近く、地域住民の想いや痛みを感じることができる行政組織である。権限と責任を地方への大胆な移行を伴う中央集権制から地域主権制への転換なくして流域治水は実現しないと考える。本気で洪水から住民の命を守るためには、この国のかたちを根本的に変えるという覚悟が必要である。

おわりに――住民の命を守る流域治水の実現を願う

私は、大学で河川工学を学んだ。工学とは「ものづくり」のための学問である。ダムや堰を建設し、堤防を構築する「ものづくり」は、大変魅力的な仕事である。それだけに、「ものづくり」自体が目的となってしまう。そして本来何のための「ものづくり」かが忘れ去られ、「ものづくり」が暴走してしまう。住民の命を守る対策より、ダム建設が優先されてはならない。住民の命を守ることを最優先として、地域に密着したきめ細かで総合的な流域治水が1日も早く実現することを願っている。

治水のあり方から考える流域治水の重要性と球磨川水系河川整備計画への提言

今本博健

2020年（令和2年）7月4日、球磨川で想定をはるかに超える洪水が発生した。本洪水については、岩波書店発行の「科学」2020年9月号に見解を示し、*1 11月にはWEBにより蒲島郁夫熊本県知事に意見を陳述し、2021年7月には地元住民団体主催のシンポジウムで講演をした。以下ではそれらの総まとめとして、治水のあり方から考える流域治水の重要性と球磨川水系河川整備計画への提言を示す。

—1— 治水のあり方について

（1）河川での対策——定量治水と非定量治水

治水対策は対策が行なわれる場所により河川での対策と河川以外での対策に分けられる。河川での対策は洪水を河川に封じ込めようとするものであるが、その方式には定量治水と非定量治水という二つの方式がある。

1 定量治水

対象洪水を設定し、それに対応できる対策を実施する方式を「定量治水」という。一定限度の洪水を対象としていることからこう呼ばれる。

わが国では1896年（明治29年）に河川法が制定されて以来、一貫して定量治水を踏襲してきている。この間、対象洪水として当初は既往洪水を採用していたが、偶然性に支配されることから確率洪水へと変更した。確率洪水でのピーク流量は計画規模によって決まる。計画規模は河川の重要度に応じて定めるようにしているが、結果として対象洪水が引き上げられることになり、それが多くのダム計画につながっている。

定量治水は、目標が明確であり、理解されやすいことから長年にわたって採用され、この方式のもとで治水安全度は飛躍的に向上した。

しかし、この方式には次の欠陥がある。

①対象を超える洪水に対応できない。

定量治水は設定した洪水以下の洪水を対象としたもので、それを超える洪水に対応できないのは致し方がないとされる。しかし、洪水は自然現象であり、どのような規模の洪水が発生するかは不定である。したがって、一定限度の洪水のみを対象とすることは治水の根幹にふれる欠陥である。

②地域社会や自然環境を破壊することがある。

定量治水では対象洪水に対応できる必要があり、ダムのようにたとえ地域社会や自然環境を破壊する対策であっても採用せざるをえないことがある。ダムは洪水調節に一定の効果があることから期待が大きい反面、多くの犠牲を伴うため反対も多い。

③対策が完結されるまで住民は危険にさらされたままになる。
対象洪水の規模が大きくなると、対策の規模も大きくなり、完結までの時間が長くなる。この間、治水安全度は低いままに据え置かれ、住民は危険にさらされたままとなる。
④対象洪水を引き上げすぎると、定量治水を存続できなくなる。
対象洪水を引き上げれば対策の規模も大きくなる。その結果、対策の完結の見込みがなくなったり、対応できる対策がなくなったりする。このため1997年（平成9年）の河川法改正により、治水計画をそれまでの工事実施基本計画だけの一段構えから基本方針と整備計画の二段構えとし、基本方針では従前の基本高水を踏襲しつつ実質棚上げし、整備計画では引き下げた目標高水を対象洪水として対策の完結を図った。

定量治水にとってとくに問題なのは④である。気候変動の影響により目標高水を超える洪水が頻発するようになり、目標高水の引き上げが迫られている。しかし、引き上げれば対策の完結の目途が立たなくなる。これは定量治水の破綻を意味し、いまその事態に直面している。

2 非定量治水

一方、対象洪水を設定せず、実現できる対策を積み上げる方式を「非定量治水」という。対象とする洪水が一定限度でないという意味では非定量・治水であるが、ここでは定量治水に非ざる方式すなわち非・定量治水という意味でこの名称を用いている。この方式では選択された対策によって対応可能洪水が決まるが、それを超える洪水をも想定しており、「溢れることもある」を前提としている。

非定量治水には「対象洪水に対応できなくてはならない」という縛りがなく、破綻することはない。さらに、定量治水では対象洪水に対応できないとして無視された小規模な対策や流下能力の強化に寄与しないとして先送りされた堤防補強などを優先的に実施することができる。地域社会や自然環境に重大な影響をもたらす対策は、たとえ実現可能であっても、選択しないことができる。

非定量治水での対策の選択条件は実現性だけであり、選択肢が多用で、任意に選択できるという自由度がある。

（2）流域での対策——流域治水の重要性

河川での対策と河川以外での対策を合わせたものを流域での対策という。

定量治水が対象を超える洪水に対応できないことに気づいていた国交省は、1977年（昭和52年）には総合治水対策、1987年には超過洪水対策として、河川以外での対策を取り入れようとした。しかし、総合治水対策では大規模開発への防災調節池の設置、超過洪水対策では高規格堤防（スーパー堤防）が進められただけで、顕著な成果はあげられなかった。

流域での対策の重要性を主張したのが2001年（平成13年）に設置された淀川水系流域委員会である。2003年に治水の理念を「洪水を河川に封じ込める」から「洪水を流域全体で受けとめる」に転換することを提言した。この提言は2009年に策定された淀川水系河川整備計画に一部が活かされているが、「流域治水」として大きく結実させたのが滋賀県である。

淀川水系流域委員会委員でもあった嘉田由紀子氏が2006年に滋賀県知事に就任し、住民の命を守るため、各地点での氾濫頻度と被害程度を示す「地先の安全度」を導入し、氾濫原の土地利用や建築の規制を取り入れた減災対策を進めた。

一方、2014年（平成26年）に内閣府が主導した国土強靱化計画の一環として、国交省は「流域治水」

を推進しようとしている。国交省水管理・国土保全局は流域治水について次のように説明している。

・流域治水とは、気候変動の影響による水災害の激甚化・頻発化等を踏まえ、堤防の整備、ダムの建設・再生などの対策をより一層加速するとともに、集水域（雨水が河川に流入する地域）から氾濫域（河川等の氾濫により浸水が想定される地域）にわたる流域に関わるあらゆる関係者が協働して水災害対策を行う考え方です。

・治水計画を「気候変動による降雨量の増加などを考慮したもの」に見直し、集水域と河川区域のみならず、氾濫域も含めて一つの流域として捉え、地域の特性に応じ、①氾濫をできるだけ防ぐ、減らす対策、②被害対象を減少させるための対策、③被害の軽減、早期復旧・復興のための対策をハード・ソフト一体で多層的に進める。

ここでは、気候変動の影響が流域治水を必要とするようになったかのような説明であるが、一定限度の洪水だけを対象とする定量治水に不備があるのであり、気候変動の影響がなくても、洪水を流域全体で受けとめる必要があったのである。国交省の説明はこれまで踏襲してきた定量治水の欠陥の弁明にしか聞こえない。

また、従来の総合治水との違いを次のように説明している。

・これまでは、急激な市街化に伴って生じる新たな宅地開発や地面の舗装等による雨水の河川への流出量の増大に対して、都市部の河川において、開発による流出増を抑える対策として調整池の整備等な

どの暫定的な代替策として対策を実施。（従来の総合治水）

・今後は、気候変動による降雨量の増加に対応するため、都市部のみならず全国の河川に対象を拡大し、河川改修等の加速化に加え、流域のあらゆる既存施設を活用したり、リスクの低いエリアへの誘導や住まい方の工夫も含め、流域のあらゆる関係者との協働により、流域全体で総合的かつ多層的な対策を実施。（流域治水）

総合治水は河川審議会の1977年（昭和52年）の答申を受けたもので、河川および流域における対策を総合的に実施することを求めている。総合治水を開発による流出増を抑える対策に矮小化したのは当時の建設省自身である。

滋賀県に後れをとったとはいえ、河川での対策に偏重していた治水を流域治水に転換することは正しい選択である。

ただし、危惧がないわけではない。

その一つが定量治水を温存していることである。これがダムをつくるためならば時代錯誤も甚だしい。いま新たなダム計画はなく、現在事業中のダムの建設をもってダム時代は終焉する。気候変動の影響が懸念されるいまこそ、非定量治水に転換し、本来の姿である流域治水を積極的に推進すべきである。

もう一つは、流域に関わるあらゆる関係者との協働をいかに進めるかである。かつての総合治水あるいは超過洪水対策の失敗は国交省に本気度が欠けていたからではないか。今度こそ流域治水を本気で推進することを期待する。

2 球磨川水系河川整備計画の経緯

2007年（平成19年）5月、国交省は流域住民の反対を押し切って球磨川水系河川整備計画基本方針を策定した。そこでは、人吉および横石地点における基本高水のピーク流量をそれぞれ7000㎥／sおよび9900㎥／sとするとともに、洪水調節施設により3000㎥／sおよび2100㎥／s調節し、河道への配分流量を4000㎥／sおよび7800㎥／sとしている。

国交省はこの基本方針に沿って河川整備計画を策定しようとしたが、川辺川ダムに対する流域住民の反対が根強く、2008年9月2日に田中信孝人吉市長は球磨川を「これからの子孫に残す宝物」として川辺川ダムの白紙撤回を求め、1週間後の9月11日に蒲島郁夫熊本県知事も球磨川を「地域の宝」として同じく白紙撤回を求めた。

このため、国交省は川辺川ダムを位置づけない整備計画を検討せざるをえなくなり、2009年1月に国交省九州地方整備局と熊本県は国・県・市町村長を構成員とする「ダムによらない治水を検討する場」を設置し、検討・議論を行なったが、積み上げた対策案は人吉流量4500㎥／sにしか対応できなかった。2015年3月に設置した実務者を構成員とする「球磨川治水対策協議会」では戦後最大の被害をもたらした1965年（昭和40年）7月洪水の5700㎥／s（人吉地点）を目標高水とした9つの対策案を検討したが、概算経費が2800億～1兆2000億円と莫大であり、概算工期も30～50年あるいは50年以上と長期であり、実現可能な対策とは程遠いものであった。

結局、川辺川ダムを代替する対策を見い出すことができず、整備計画が策定されないまま、「検討する場」に提示された萩原地区の堤防補強、河道掘削、築堤、引堤、宅地嵩上げなどが進められていた状況のもとで２０２０年７月豪雨が発生し、球磨川本川および支川が大氾濫した。

―３― ２０２０年７月球磨川洪水の実態を検証する

国交省九州地方整備局と熊本県は洪水１か月後の２０２０年（令和２年）８月に「令和２年７月球磨川豪雨検証委員会」を立ち上げ、２回の委員会を開催するとともに、詳細な観測資料と検証結果を発表している。ここでは、主に検証委員会の資料を利用して、２０２０年７月球磨川洪水の実態を検証する。

（１）ピーク水位

球磨川水系には国交省管理の水位観測所が14か所に設置されているが、今回の洪水では球磨川本川の中流部より上流の5か所が欠測となった。幸い多くの危機管理型水位計が各所に設置されており、その観測結果を利用するとともに、それらがない場合には洪水痕跡を用いて、ピーク水位について検討する。

表1は、国交省の水文水質データベースおよび「令和2年7月球磨川豪雨検証委員会」の説明資料に示された各観測所におけるピーク水位の観測値をまとめたものである。観測値には常時水位計、危機管理型水位計、洪水痕跡によるものがある。洪水痕跡については、氾濫水の水面変動を考慮し、周辺の最大痕跡値より0.1m低い値を採用した。

球磨川本川のピーク水位を計画高水位と比較すると、萩原・多良木では計画高水位以下であるが、横石・大野・渡・人吉・一武地点では計画高水位を大きく超えている。また、ピーク水位を堤防高と比較す

表1　各観測所におけるピーク水位

地点		距離（km）	堤防高（m）	計画高水位（m）	ピーク水位（m）	根拠
球磨川	萩原	6.66		5.36	5.28	常時水位計
	横石	12.77	16.5	10.52	12.43	常時水位計
	大野	39.86		14.81	18.95	危機管理型水位計
	渡	52.64	13.2	11.33	15.60	洪水痕跡－0.1m
	人吉	62.17	5.5	4.07	7.50	洪水痕跡－0.1m
	一武	68.71	7.0	5.68	6.89	危機管理型水位計
	多良木	84.13		4.44	4.21	危機管理型水位計
川辺川	柳瀬	2.27	7.4	－	8.07	常時水位計
	四浦	15.40		－	10.12	常時水位計
	五木宮園	36.40		－	3.47	常時水位計

注：距離は球磨川は河口からの距離、川辺川は球磨川合流点からの距離

ると、横石・一武地点では堤防高より低いが、渡・人吉・柳瀬地点では堤防高を超えている。

（2）ピーク流量

一般に、洪水流量は流出解析あるいは水位流量関係により推定される。

流出解析は降雨量から貯留関数法などを用いて流量を算定するもので、計算ソフトが市販されるほど普及している。

水位流量関係による方法は、水位と流量の観測値に直線あるいは放物線を当てはめ、水位から流量を推定するもので、観測値の範囲内での精度は高いが、範囲外での精度は低い。水位流量関係は縦軸に水位、横軸に流量をとると、上に凸の曲線となるので、流量の推定には放物線HQを用い、下限値の目安に直線HQを用いた。

図1は、国交省の水位水質データベースに示された位況表および流況表を用い、人吉観測所における水位流量関係を示したものである。Q＞3000㎥

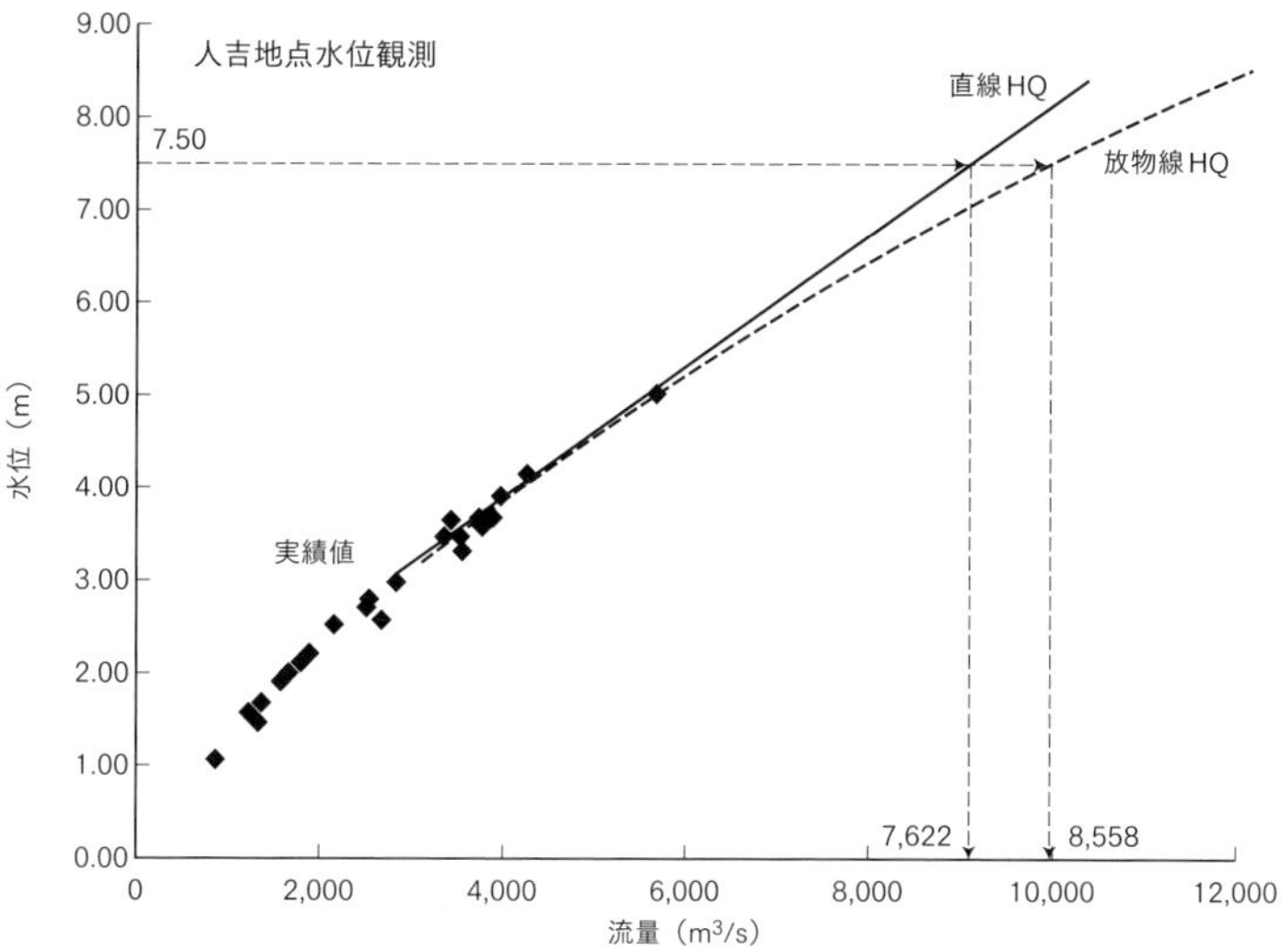

図1　人吉観測所における水位流量関係

／ｓのデータを用い、最小二乗法により直線ＨＱおよび放物線ＨＱを求めた。ピーク水位７・５０ｍに相当する流量は、直線ＨＱだと７６２２㎥／ｓとなり、放物線ＨＱだと８５５８㎥／ｓとなる。放物線ＨＱによる８５５８㎥／ｓの妥当性はともかくとして、直線ＨＱによる７６２２㎥／ｓ以上であることは確かである。

表２は、国交省と今本による流量推定値をまとめたものである。

国交省の流出解析では、流域を市房ダム上流域・本川上流域・川辺川流域・本川下流域に４分割するとともに、それぞれに飽和雨量Ｒｓａを設定し、河川整備基本方針策定時に作成した流出解析モデルで設定した値を用いている。

ピーク流量の算定では、まず流出解析モデルにより「市房ダムなし・氾濫なし」のピーク流量を推定し、これに市房ダムによる流量調節を考慮して「市房ダムあり・氾濫なし」の流量を推定し、さらに氾濫解析による氾濫量を考慮して実績再現に相当する

表2　各観測所における流量推定値の比較（㎥/s）

地点	国交省推定			今本推定	
	流量 市房ダムなし 氾濫なし	流量 市房ダムあり 氾濫なし	河道通過流 市房ダムあり 氾濫あり	直線HQ 市房ダムあり 氾濫あり	放物線HQ 市房ダムあり 氾濫あり
柳瀬	3,400	3,400	3,400	3,300	3,500
一武	3,800	3,300	3,300	4,300	5,000
人吉	7,900	7,400	7,000	7,600	8,600
渡	10,400	9,800	8,400	7,300	8,000
横石	12,600	12,000	11,200	10,300	11,200

「市房ダムあり・氾濫あり」の流量を推定している。ただし、「市房ダムあり・氾濫あり」のうち、柳瀬地点については今回の洪水時に実施された流量観測で得られた水位流量関係に放物線ＨＱを適用し、横石地点については不等流計算で得られた水位流量関係に直線ＨＱを適用し、それぞれのピーク流量を推定している。

国交省の推定で注目されるのは、「市房ダムなし・氾濫なし」のピーク流量は人吉地点７９００㎥／s、横石地点１２６００㎥／sとなっていることである。基本方針での基本高水と比べると、人吉地点では９００㎥／sの超過であるが、横石地点では２７００㎥／sも超過している。なぜこれほどの差異が生じたかは不明であるが、直線ＨＱによる推定値を下回っていることと併せて、人吉地点の推定値が過小評価である可能性がきわめて大である。

一方、今本は国交省の水文水質データベースの位況表および流況表に示されている年間最高水位および年間最大流量に最小二乗法を用いて得られた直線ＨＱおよび放物線ＨＱによりピーク水位からピーク流量を推定している。

国交省の流出解析による河道通過流量と今本の放物線ＨＱによる推定値を比較すると、柳瀬・横石地点ではおおむね一致してい

表３　市房ダムによる洪水調節

地点	河口距離（km）	流量 ダムなし（㎥/s）	流量 ダムあり（㎥/s）	調節量（㎥/s）
市房ダム	93.13	1,154	602	552
多良木	84.13	1,951	1,422	529
一武	68.71	3,779	3,241	538
合流前	66.40	3,883	3,284	599
人吉	62.17	7,859	7,330	529
渡	52.64	10,357	9,785	572
横石	12.77	12,535	11,934	601

るが、とくに一武・人吉地点では大きな差がある。国交省による推定値は今本の直線ＨＱによる推定値より小さく、過小評価の可能性がきわめて大きい。

（３）ダムの効果

球磨川水系では１９６０年（昭和35年）３月に市房ダムが建設されている。国交省による「豪雨検証委員会」資料には今回の洪水における市房ダムの効果だけでなく「川辺川ダムが存在した場合」の効果が示されている。

表３は国交省が示した市房ダムの効果をまとめたものである。市房ダムで流入量１１５４㎥／ｓを放流量６０２㎥／ｓへと５５２㎥／ｓ調節するとしているが、実績では１２３５㎥／ｓを５８５㎥／ｓへと６５０㎥／ｓ調節しており、調節量で約１００㎥／ｓの差がある。さらに、下流地点の調節量は、ばらつきはあるものの、ほぼ一定となっている。これは下流地点の調節量は洪水波の扁平化や支川の合流量の増加により低下するという一般的な特性と一致していない。以上により、市房ダムによる洪水調節効果は過大に評価されているといえる。

同様にして、川辺川ダムが存在した場合の効果をまとめたのが

表4　川辺川ダムによる洪水調節

地点	河口距離（km）	流量 ダムなし（m³/s）	流量 ダムあり（m³/s）	調節量（m³/s）
川辺川ダム	85.80	2,933	200	2,733
柳瀬	68.67	3,403	1,129	2,274
人吉	62.17	7,330	4,777	2,553
渡	52.64	9,785	7,166	2,619
横石	12.77	11,934	9,997	1,937

表4である。川辺川ダムで流入量2933m³／sを放流量200m³／sへと2733m³／s調節することにより、下流での流量は大きく調節されている。調節量はダムから離れるにしたがって低下する傾向にあるが、ダム地点での調節量と比較すると、人吉地点の調節量は93％、横石地点は71％となっている。2007年（平成19年）策定の基本方針では、人吉地点76％、横石地点53％としており、今回の洪水に対する効果を過大に評価している。以上により、川辺川ダムについても洪水調節効果を過大に評価しているといえる。

―4― 球磨川水系河川整備計画への提言

(1) 目標高水をどうとらえるか

球磨川水系河川整備計画を従来と同じく定量治水のもとで策定しようとする場合、目標は再度災害の防止であり、目標高水は2020年（令和2年）7月洪水の「ダムなし・氾濫なし」の流量となる。

人吉地点の目標高水として国交省の推定値を採用すると、流出解析によって得られた「ダムなし・氾濫なし」の流量は7900m³／sであり、これから、市房ダムによる調節量500m³／s、氾濫解析による氾濫量400m³／sを差し引くと、河道通過流量は7000m³／sとなる。

表5　目標高水の推定（㎥/s）

推定者	目標高水 ダムなし・氾濫 水なし	市房ダム 調節量	氾濫流量	河道通過流量
国交省	7,900	500	400	7,000
今本	9,500	500	400	8,600

表6　目標高水の洪水調節施設と河道への配分（㎥/s）

推定者	目標高水	洪水調節施設による調節流量		河道への配分流量
		市房ダム	川辺川ダム	
国交省	7,900	500	2,600	4,800
今本	9,500	500	2,100	6,900

一方、今本は放物線HQにより河道通過流量を8600㎥／sと推定しており、市房ダムによる調節量をダム地点での実績調節量650㎥／sの基本方針と同じ76％とすると500㎥／sであり、氾濫流量を国交省の推定と同じ400㎥／sとすると、これらを加えた目標高水は9500㎥／sとなる。

以上をまとめると、表5のようになる。目標高水の国交省の推定値は今本より1600㎥／s小さいが、「3」で述べたように、国交省による河道通過流量の推定値は過小評価と判断され、目標高水も過小評価と判断される。

次は目標高水の洪水調節施設と河道への配分である。表6のように、国交省の推定値を用いると、目標高水7900㎥／sは、洪水調節施設により3100㎥／s（市房ダム500㎥／s、川辺川ダム2600㎥／s）調節されるので、河道への配分流量は4800㎥／sとなる。今本によると、目標高水9500㎥／sは、洪水調節施設により2600㎥／s（市房ダム500㎥／s、川辺川ダム2100㎥／s）調節されるので、河道への配分流量は6900㎥／sとなる。

国交省による河道への配分流量の推定値は今本より２１００㎥／s小さいが、この推定値は、すでに述べたように、目標高水を過小評価しているだけでなく、川辺川ダムによる調節量を過大評価しており、河道への配分流量の推定値が過小評価となっている。

河道への配分流量として国交省の推定値である４８００㎥／sを採用すれば、「ダムによらない治水を検討とする場」で積み上げた対策に「球磨川治水対策協議会」で検討した対策の一部を加えれば対応可能であり、整備計画を策定できる。ただし、４８００㎥／sは過小評価であるので、もし２０２０年7月規模の洪水が再発すれば、氾濫が発生するのは間違いなく、国交省は国民の信頼を失うことになる。

これに対し、今本の推定値が真値にちかいとすると、河道への配分流量である６９００㎥／sに対応できる対策がなく、定量治水を成立させることができない。この場合、非定量治水に転換せざるを得ず、氾濫した場合の被害軽減策を積極的に進める必要がある。

さらに、ソフト対策として、住民の生命を守るには避難対策が重要であり、住民の財産を守るには公的補償制度が重要である。

（2）球磨川流域治水プロジェクトと川辺川ダム

２０２０年（令和2年）10月に国・県・流域市町村による「球磨川流域治水協議会」が設置され、豪雨検証委員会の結果を踏まえた流域治水プロジェクトについての検討が始められた。２０２１年1月に「球磨川水系緊急治水対策プロジェクト」が公表され、同年3月に「球磨川水系流域治水プロジェクト」が公表されている。

緊急治水対策プロジェクトには、河道掘削、堤防整備、輪中堤・宅地嵩上げ、遊水地等の施策が示され、流域治水プロジェクトには、河川区域での対策として河道掘削、引堤、雨水排水施設等の整備、堤防強化、流水型ダム、市房ダム再開発、遊水地、河道掘削・築堤・堤防嵩上げなどの支川対策、利水ダム等6ダムの事前放流等、集水域での対策として雨水貯留施設の整備、田んぼダム・ため池等の高度利用、雨水浸透施設（浸透ます等）の整備、グリーンインフラ等、氾濫域での対策として土地利用規制、安全な土地等へのまちづくり誘導、移転促進、不動産取引時の水害リスク情報提供、二線堤の整備、自然堤防の保全、輪中堤、宅地嵩上げ、建築規制・建築構造の工夫等、があげられている。

ここではあらゆる対策を網羅しているが、すべてを実施するとは思えない。仮にすべてを実施したとしても今回の洪水での被害が解消されるわけではない。

とくに問題なのは川辺川ダムである。蒲島知事は洪水後一転して流水型ダムの推進に意見を変えたが、大多数の流域住民は依然として反対の姿勢を崩していない。

共同通信の川辺川ダム流域住民300人のアンケート調査[*2]によると、川辺川ダムについては「どちらとも言えない」が37％で最も多いが、賛成29％、反対34％で、反対が上回っている。被災者・無被災者の別でみると、被災者は賛成26％、反対37％、無被災者は賛成33％、反対30％であり、被災者ほど反対が多い。被災者は川の近くに住み、川に親しんでいるだけにダムによる自然環境の破壊への懸念が強いのであろう。したがって、もし川辺川ダムを河川整備計画に位置づけようとすれば、反対住民との不毛の戦いが再燃することになる。

とりあえずは川辺川ダムを凍結するとともに非定量治水に転換し、流域治水プロジェクトに示された対策を完結させ、その後に川辺川ダムがなお必要かどうかを被災当事者を交えて判断するのが賢明ではないか。

付・球磨川水系河川整備基本方針（変更）について

球磨川水系河川整備基本方針を変更するための河川整備基本方針検討小委員会が２０２１年（令和３年）７月８日から10月11日までの４回で審議を終了した。なぜそんなに急ぐのか。気候変動の影響を反映させるため「アンサンブル将来予測降雨波形」を活用しているが、現実の施策に取り入れるに足るだけの、科学的議論が成熟しているのかは疑問である。

変更の骨子は、基本高水のピーク流量を、人吉地点では現行の７０００㎥／ｓから８２００㎥／ｓに、また横石地点では同９９００㎥／ｓから１１５００㎥／ｓへと大幅に増やしたことにある。増やした分の大半をダムなどの貯留施設に受けもたせているが、実現は至難である。利水ダムの事前放流や遊水地で対応できるものではない。あとは流域治水に委ねるとしても確実性に欠ける。

要するに、定量治水では対応できなくなっているのである。残るは非定量治水しかない。その転換を阻んでいるのがダムであるが、ダム時代はいま終焉しつつあり、ダムに拘泥して、新たな治水への踏み出しを邪魔してはならない。ここはやはり流域住民の間での真摯な議論が必要ではないか。

［参考文献］

＊１　今本博健（２０２０）「川辺川ダムの効果を検証する――２０２０年7月球磨川洪水を受けても反対する理由」『科学』２０２０年9月号、pp0761-0767、岩波書店

＊２　毎日新聞西部本社版「川辺川ダム　賛成29％　反対34％　豪雨被害の球磨川流域住民　建設に慎重論」、２０２０年10月29日朝刊

あとがき

「球磨川に感謝こそすれ、恨む気は全くない。今回の水害は人の仕業！」。球磨川沿いに建つ、昭和9年創業の純和風の人吉旅館の三代目女将・堀尾里美さんは力強く言い切った。文化財でもある建物の1階すべてを濁流に呑まれ、1年以上たつ今、来年、2022年春の旅館再開にむけて日々頑張っている。「球磨川のせせらぎ、アユや焼酎、川下りにおこしくださるお客さん…。私たちは川に活かされてきた」とも彼女は言う。

常に地域に密着した取材を重ねてきた熊本日日新聞の、吉田伸一人吉総局長のコラム「球磨川への思い受け止めたい」には次のような紹介がある（熊本日日新聞2020年8月13日）。「被災者の方たちが異口同音に〝球磨川は悪くない〟と球磨川をかばう言葉を口にする」と。「球磨川は暴れ川」という報道の表現に心を痛めている人が多いと。そして、自宅や店を濁流と汚泥で滅茶苦茶にされた男性の「水害は怖いが、球磨川は怖くないし、球磨川は悪くない。球磨川への思いと水害は全く別。今回は俺たちが油断しとったたったい」という言葉も引用する。球磨川流域に暮らす人たちにとって球磨川はまさに、愛する〝家族〟のような存在なのだろう。

地球規模での気候危機が迫るなかで、確かに豪雨災害が増えている。その豪雨災害への「適応策」としたら、ダム建設も一つの選択肢だろう。一方で、気候危機の原因は、産業革命以降の産業化・工業化の影響により、大気中に二酸化炭素を充満させてしまったことにある。気候危機への「予防策」としたら、コンクリート施設をこれ以上増やさずに、逆に緑空間を増やす脱工業化の動きも求められている。そこには多様な生物が住み続けられる生命圏域（Bioregion）である流域圏域の価値を見える化し、社会として自覚化し、地球規模での政策と政治に埋め込んでいく必要もあるだろう。今、EcoDRR（生態系に配慮した減災対策）や「グリーンインフラづくり」という方法も提案され、それも選ぶべき選択肢の一つだろう。

地球規模での気候変動も、元はといえば個別の地域問題に根っこがある。流域は、地域をなりたたせている細胞である（岸由二『生きのびるための流域思考』）。流域という視点は確かに大都会での暮らしではほとんど意識されていないかもしれない。しかし今、最も流域治水を必要としているのは、東京や名古屋、大阪など大都会のゼロメートル地帯といわれる氾濫原地帯で仕事をし、暮らす、事業者や住民なのである。

日本の大地は、水の流れにより森、里、田、川、湖、海とつながっている。律令の時代から、特に水田稲作を生業の基本としてきた地域では、今も、1本の水路をつないで上下流の社会関係が意識されている。地球規模の問題も、その基本は、ひとつずつの集落や自治会など、「近い社会関係」に託された共有資源の土地や河川や水辺の自己管理の上に成り立っている。

「共有資源の管理」をめぐり２００９年にノーベル経済学賞を受賞したオストロムは、地球レベルで進行している水や緑資源の枯渇や環境破壊問題への対応として、国家や市場による共有資源管理だけでなく、地域の当事者によるセルフガバナンス（自主管理）の方式を提案している。オストロムが提示した共有資源の長期的存立条件は、①境界の明確性、②利用ルールの調和性、③ルール設定への参加性、④モニタリングの存在、⑤柔軟な罰則、⑥調整メカニズム、⑦主体性、⑧組織の入れ子状態、という8点だ。この8点をオストロムは、日本の農山漁村の森林、河川・水路、漁場などの地域資源管理から学んだという。共有資源管理（コモンズ）は今日、地球規模で論じなくてはならない状況にある。しかし、地球規模の問題であっても、それを改善する

〝場〟は具体的な地域にあることは忘れてはならないだろう。

本書では、２０２０年7月4日の球磨川水害から流域治水の今後を考えた。今回の調査のなかで聞いたもう一つの印象的な言葉を紹介したい。「洪水は一時、川の恵みは無限」。球磨川渓谷の肥薩線球泉洞駅前に釣り人用のお店を開いていた川口豊美さんが２００9年にある人に言った言葉だという。川口さんは、２０２０年7月4日の早朝、お店兼住宅の建物ごと激流に流され、数日後に八代海で変わり果てた姿で発見された。川口さんのお店でお世話になった皆さんが今、この言葉を石碑に刻んで、球磨川への川口さんの思いを後世に伝えようと呼びかけをはじめた。

川口豊美さんのご冥福をお祈りさせていただくとともに、今回、お1人ずつ訪問させていただいた50名の溺死者の皆さまのご冥福を心からお祈りさせていただきます。「皆さんの犠牲を無駄にしません」と訴えさせていただきます。

今回の調査にご協力いただきました人吉市、球磨村、芦北町、八代市の皆さんに深く感謝いたします。1日も早く、未来にむけた流域の自然の恵みを受け続けられるような復興を皆で担っていってください。そして、現地調査をともにした共同研究者の皆さま、本書の元となった国会の流域治水シンポジウムの開催にご協力いただいた超党派の国会議員の皆さま、本書をまとめるにあたり貴重な原稿を寄せてくださった著者の皆さまにあらためて感謝申し上げたいと思います。最後に、多様な著者の願いと思いを受け止め、精魂こめて編集いただいた農文協プロダクションの田口均さまにお礼申し上げます。

２０２1年10月　琵琶湖畔の北比良の浜にて　嘉田由紀子

執筆者（執筆順）

嘉田由紀子〈編者〉◎かだゆきこ

1950年埼玉県生まれ。農学博士。専門は環境社会学。前滋賀県知事、現参議院議員。著書『水と人の環境史』（共著、御茶の水書房）、『生活世界の環境学』（農文協）、『水辺遊びの生態学』（共著、農文協）、『水辺ぐらしの環境学』（昭和堂）、『環境社会学』（岩波書店）ほか多数。

つる詳子◎つるしょうこ

1949年熊本県生まれ。八代市在住。熊本県内、特に球磨川流域のフィールド調査・保護活動に長年関わる。自然観察指導員熊本県連絡会会長。チームドラゴン環境アドバイザー。2014年日本自然保護大賞特別賞「沼田賞」受賞。

市花由紀子◎いちはなゆきこ

1970年宮崎県生まれ。2005年より球磨村渡地区に家族3人で在住。7・4球磨川流域豪雨被災者・賛同者の会および清流球磨川・川辺川を未来に手渡す流域郡市民の会会員。

木本雅己◎きもとまさし

1951年熊本県生まれ。合資会社木本商店代表社員。人吉市で球磨川のほとりに暮らし続け戦後の水害をすべて経験する。清流球磨川・川辺川を未来に手渡す流域郡市民の会事務局長。

島谷幸宏◎しまたにゆきひろ
１９５５年山口県生まれ。前九州大学大学院教授、現熊本県立大学特任教授、大正大学特命教授。専門は河川工学、河川環境。著書『河川風景デザイン』（山海堂）、『河川環境の保全と復元―多自然型川づくりの実際』（鹿島出版会）、『２０１７年九州北部豪雨 集落会議の記録』（あまみず文庫）、『風景の思想』（共著、学芸出版社）ほか多数。

大熊 孝◎おおくまたかし
１９４２年台北生まれ。新潟大学名誉教授・ＮＰＯ法人新潟水辺の会顧問・日本自然保護協会参与。専門は河川工学・土木史。著書『洪水と治水の河川史』（平凡社）、『技術にも自治がある』（農文協）、『洪水と水害をとらえなおす』（農文協、第74回毎日出版文化賞・令和2年度土木学会出版文化賞受賞）ほか多数。

宮本博司◎みやもとひろし
１９５２年京都府生まれ。株式会社樽徳商店参与・木桶樽造り職人。元淀川水系流域員会委員長・元国土交通省防災課長。

今本博健◎いまもとひろたけ
１９３７年大阪府生まれ。京都大学名誉教授・水工技術研究会代表。専門は河川工学・防災工学。著書『水理学の基礎』（共著、技報堂出版）、『ダムが国を滅ぼす』（共著、扶桑社）、『防災学ハンドブック』（編著、朝倉書店）ほか多数。

流域治水がひらく川と人との関係
2020年球磨川水害の経験に学ぶ

二〇二一年十一月二十日　第一刷発行

編著者　嘉田由紀子

発　行　一般社団法人　農山漁村文化協会
〒一〇七－八六六八　東京都港区赤坂七－六－一
電話　〇三－三五八五－一一四二（営業）
　　　〇三－三五八五－一一四五（編集）
ファックス　〇三－三五八五－三六六八
http://www.ruralnet.or.jp/

印刷・製本　凸版印刷（株）

ISBN978-4-540-21216-1　〈検印廃止〉

編集・制作――（株）農文協プロダクション
ブックデザイン――堀渕伸治©tee graphics